河南省高校创新型科技团队支持计划资助项目（CXTD2017088）
国家自然科学基金资助项目（51304065）
河南省矿产资源绿色高效开采与综合利用重点实验室资助项目
煤炭安全生产河南省协同创新中心资助项目

上行开采顶板不同区域巷道稳定性控制原理及关键技术

王　成／著

中国矿业大学出版社
·徐州·

内容提要

本书以典型的上行开采为工程背景，采用现场实测、物理模拟和数值计算相结合的综合研究方法，对上行开采上覆岩层应力场、裂隙场进行了研究，主要内容包括：国内外关于上行开采顶板巷道控制的研究现状、上行开采采动应力分布特征及顶板分区研究、上行开采覆岩裂隙时空演化规律及分区研究、上行开采顶板巷道稳定性影响因素分析、上行开采顶板巷道稳定性控制原理及关键技术、上行开采顶板巷道控制工业性试验及其效果分析。本书所述内容具有先进性和实用性。

本书可供采矿工程及相关专业的科研与工程技术人员参考。

图书在版编目(CIP)数据

上行开采顶板不同区域巷道稳定性控制原理及关键技术/王成著.—徐州：中国矿业大学出版社，2021.5

ISBN 978-7-5646-5029-2

Ⅰ.①上… Ⅱ.①王… Ⅲ.①上行开采—巷道—稳定性 Ⅳ.①TD322

中国版本图书馆CIP数据核字(2021)第102588号

书　　名　上行开采顶板不同区域巷道稳定性控制原理及关键技术
著　　者　王　成
责任编辑　王美柱
出版发行　中国矿业大学出版社有限责任公司
（江苏省徐州市解放南路　邮编 221008）
营销热线　(0516)83884103　83885105
出版服务　(0516)83995789　83884920
网　　址　http://www.cumtp.com　**E-mail**:cumtpvip@cumtp.com
印　　刷　江苏淮阴新华印务有限公司
开　　本　787 mm×1092 mm　1/16　**印张** 7　**字数** 175 千字
版次印次　2021年5月第1版　2021年5月第1次印刷
定　　价　40.00元
（图书出现印装质量问题，本社负责调换）

前　言

我国煤层群分布广泛，为解决上部煤层含水量大、煤与瓦斯突出、冲击地压等问题，上行开采被广泛采用；需要在上行开采采动影响范围特定区域布置巷道，巷道一般位于裂缝带或弯曲下沉带内，围岩稳定性差，控制难度大，这类巷道维护对上行开采的制约日益突出，给矿井的高产高效安全开采带来严峻的挑战。因此，结合上行开采岩层移动规律研究顶板巷道稳定性具有十分重要的意义。

本书以典型的上行开采为工程背景，采用现场实测、物理模拟和数值计算相结合的综合研究方法，对上行开采上覆岩层应力场、裂隙场进行了研究，并分析侧压系数、断面形状、围岩强度等因素对巷道围岩稳定性的影响，揭示了上行开采采动应力分区特征及裂隙呈分域特性的时空演化规律，得出了基于采动巷道围岩稳定性的上行开采顶板岩层区划和巷道布置方式，揭示了顶板不同区域巷道破坏特征，提出了“等效开挖”和“低效加固区”的概念，给出了顶板巷道合理断面形状的设计依据以及底板必要的加固深度，形成了上行开采顶板不同区域巷道稳定性控制原理，并提出了顶板不同区域巷道的针对性控制对策，以及顶板巷道稳定性控制关键技术，系统解决了上行开采顶板巷道维护难题，从而有力地推动了煤炭行业科技进步，取得了显著的经济效益和社会效益。本书研究成果应用前景广阔，可为类似工程地质开采条件的矿井提供参考依据。

全书内容共分6章：第1章介绍了国内外关于上行开采顶板巷道控制的研究现状；第2章介绍了上行开采采动应力分布特征及顶板分区；第3章介绍了上行开采覆岩裂隙时空演化规律及分区；第4章分析了上行开采顶板巷道稳定性影响因素；第5章介绍了上行开采顶板巷道稳定性控制原理及关键技术；第6章介绍了上行开采顶板巷道控制工业性试验及其效果。

由于作者水平所限，书中不妥之处在所难免，恳请读者批评指正。

著　者

2021年3月于河南理工大学

目　录

1 绪　论

1.1 研究背景及意义

1.1.1 研究背景

煤炭是我国主导能源，在能源结构中的比重大，2019 年煤炭消费占能源消费总量的比重为 57.7%[1]。从能源消费需求与能源结构优化调整方向分析来看，“十四五”时期，煤炭在一次能源消费结构中的比重还将继续回落，但煤炭消费总量还将在 40 亿～42 亿 t 的峰值区间波动[2]。在今后一段时期内，煤炭仍是保障我国能源供应的基础能源，在国民经济快速、持续、健康发展中具有极其重要的地位。

与美国、澳大利亚、俄罗斯、波兰等主要产煤国家相比，我国适合露天开采的储量很少，煤层埋藏较深，埋深 2 000 m 以浅的煤炭资源总量为 5.9×10^{12} t，其中埋深超过 1 000 m 的占 50%以上，主要分布在我国中东部地区[3]。由于沉积环境和成煤条件等多种地质因素的存在，煤层群分布广泛[4-6]，且大多数矿区地质构造复杂，煤质松软，煤层具有高瓦斯、低透气性、高吸附性的特点[7-9]。煤层开采条件复杂，95%以上煤矿为井工矿井，绝大多数矿井为高瓦斯矿井或突出矿井[10]。

2012—2019 年，我国原煤年产量保持在 34.1 亿～39.7 亿 t[11]。随着浅部煤炭资源的枯竭以及开采强度的增大，我国煤矿开采深度不断增加，且以 8～12 m/a 的平均速度向深部延伸，中东部地区的延伸速度达到了 10～25 m/a[12]，该地区的煤矿大部分已进入深部开采阶段，最大开采深度甚至超过 1 500 m，深部开采已成为煤炭资源开发的常态[13]。

深部开采条件更加复杂，地应力升高、涌水量加大，这导致突发性工程灾害和重大恶性事故增加，如冲击地压、矿井突水、煤与瓦斯突出、瓦斯爆炸、巷道大变形、煤壁片帮冒顶等，对深部资源的安全高效开采造成了巨大威胁[14-17]。由此可知，复杂条件下煤炭资源的开采不仅由我国煤炭赋存条件决定，还由国家能源发展战略和经济发展形势决定。

1.1.2 研究意义

开采条件的日益复杂和恶化，使得在煤层群开采过程中煤层开采顺序的选择至关重要。一般来说，开采应当按照由上而下的顺序进行，以避免对上覆未被开采煤层和井巷工程的大面积采动破坏。但是，为了消除或减轻坚硬顶板的冲击地压和周期来压强度、解决上煤层含水量大及顶板淋水问题、减轻或消除上煤层煤与瓦斯突出的危险、满足矿井生产能力的增加和新井建设速度、提高煤炭资源回采率[18-21]，在考虑开采层位时，不应拘泥于单一的下行开采顺序，可以选择上行顺序开采。

上行开采可从根本上改变覆岩的运动特征以及围岩的应力分布状况。开采中，岩体内的力总是平衡的，在形成一部分应力集中区的同时，必然形成一些应力降低区。在布置工作面时，可根据岩层运动规律和支承压力分布规律，从矿井整体来考虑，选择合理的开采程序，有计划地使后开采的部分处于先开采部分的应力降低区内，或者使后开采造成的拉伸应力区与先开采造成的压应力集中区相重合，互相抵消。这是用开采程序来改善开采条件，进行安全、高效和经济开采的重要手段。另外，针对深部低透气性高瓦斯煤层群开采条件，长期的理论研究和突出危险煤层的开采实践均表明，利用上行开采引起的卸压增透效应进行煤与瓦斯共采是我国煤矿瓦斯灾害防治与环境保护的最佳途径。总之，上行开采在经济上和安全上均具有很大的优越性。

随着开采技术水平的提高和矿井开采深度的增加，本着煤矿安全生产的原则，上行开采被广泛采用[22-26]，已逐渐成为一种常规的开采技术。巷道是上行开采技术体系的一个重要环节，是实施各种瓦斯抽采工程或煤与瓦斯共采、工作面回采的必备空间。需要在上行开采采动影响范围特定区域布置巷道，一般布置于裂缝带或弯曲下沉带内。上部煤岩层的完整程度受到损伤，在上位煤层开采过程中均发现顶板破碎，不易管理，从而造成低产低效；瓦斯抽采巷道、回采巷道以及其他功能性巷道即使布置在应力降低区内，也容易出现煤柱侧巷帮位移大于另一帮，巷道破坏及底鼓，甚至被压垮等现象，巷道围岩稳定性差，控制难度很大。随采深的加大，采动应力集中程度更高，采动影响范围更大，采动影响时间更长，井巷工程空间稳定性更差，巷道维护的难度随之加剧。巷道维护困难已成为制约上行开采的“瓶颈”，且制约作用日益突出，要保持矿井的安全高产高效和可持续发展，就必须解决煤层群上行开采顶板巷道稳定性控制问题。

因此，结合上行开采上覆岩层移动规律研究顶板巷道稳定性，有利于合理划分采动影响范围和增卸压区范围，确定上行开采顶板巷道的空间布置层位、施工时机、稳定性影响因素，优化顶板采动巷道布置和断面形状，丰富和发展巷道围岩控制理论和技术，进一步充实上行开采应力场和裂隙场研究成果，对实现我国深部煤炭资源的安全开采、瓦斯抽采、煤与瓦斯共采具有重要的意义。

1.2 国内外研究现状

1.2.1 上行开采上覆岩层结构机理研究

有关上覆岩层结构机理的研究十分丰富。自20世纪以来，国内外学者提出了多种假说和理论[27]，如俄国学者M.M.普罗托奇雅阔诺夫的普氏平衡拱假说，德国人K.Stoke的悬臂梁假说，W.Hack和G.Gillitzer的压力拱假说，苏联学者库兹涅佐夫的铰接岩块假说，比利时学者A.拉巴斯(20世纪50年代)的预成裂隙假说。这些假说从不同的角度阐述了对采场上覆岩层形成的结构的认识，均含有合理的成分，积极地推动了采场上覆岩层研究的发展。

与波兰、苏联等国家相比，我国在岩层移动方面的研究起步较晚，但成绩斐然。20世纪60年代以后，钱鸣高院士、李鸿昌教授在铰接岩块假说与预成裂隙假说的基础上，结合岩层移动现场实测，于20世纪70年代末80年代初提出了岩体结构的“砌体梁”力学模型[28-30]，并给出了破断岩块的咬合方式及平衡条件，同时讨论了基本顶破断时在岩体中引起的扰动，很好地解释了采场矿山压力显现规律，为采场矿山压力的控制及支护设计提供了理论依据。该理论结合现场观测和生产实践的验证已得到公认，对我国煤矿采场矿压理论研究与生产实践都起到了重要作用。

20 世纪 80 年代初期，宋振骐院士等提出了“传递岩梁”假说[31-35]，揭示了岩层运动与采动支承压力的关系，并明确提出了内外应力场的观点及采场来压的系统预报理论和技术；提出了以“限定变形”和“给定变形”为基础的位态方程，总结了系统的顶板控制设计理论和技术。

钱鸣高院士带领朱德仁、缪协兴、刘双跃、王作棠、康立勋、何富连、刘长友等课题组成员对砌体梁结构开展了进一步研究[36-44]，认为采动后岩体内形成的砌体梁力学模型是一个大结构，其中影响采场顶板控制的主要是离层区附近的几个岩块，即关键块，关键块的平衡与否直接影响到采场顶板的稳定性及支架受力的大小，并于 20 世纪 90 年代提出了岩层控制关键层理论[45-47]。

其他学者也在采场上覆岩层结构机理认识方面做了许多卓有成效的工作，如彭赐灯院士的“四带”理论[48-49]、刘天泉院士的“三带”理论[50]、靳钟铭等的坚硬顶板破断暂时平衡控制理论[51]、谭云亮等的实测信息反演岩层运动演化的非线性动力学预测模型等[52-55]，对于发展和完善矿山压力与岩层控制理论起了巨大作用。

1.2.2 上行开采上覆岩层应力场及裂隙场研究

基于上行开采对上覆岩层活动的应力场及裂隙场做了大量的研究。钱鸣高院士等[56-58]利用相似材料模拟试验，研究了煤层开采后上覆岩层中裂隙的分布规律，提出了能反映单位厚度岩层内离层裂隙高度的离层率指标。

李树刚[59]通过物理模拟研究了采动后覆岩关键层活动特征对裂缝带分布形态的影响，得出了裂隙呈椭抛带分布特征的结论。

曲华等[60]利用有限元数值模拟软件研究了深井高应力难采煤层上行卸压开采卸压效应，指出上行开采可明显降低上覆煤层的应力水平，能够有效解决冲击地压、复合顶板管理、巷道支护等难题，是保障深部矿井安全开采行之有效的途径。

蒋金泉等[61]通过深入研究采动覆岩裂隙亚分带特征、覆岩运动与结构分带特征、上行卸压开采作用效应，建立了上行卸压开采可行程度的评价方法，为上行卸压开采的可行程度判别、区域划分、开采部署提供了决策依据。

许家林等[62-63]通过试验与理论分析，研究了岩层移动过程中的覆岩采动裂隙动态发育特征，综合分析了其影响因素，提出下保护层的最大卸压高度由覆岩主关键层位置决定。

刘泽功[64]通过理论分析、物理模拟，研究了受采动影响采场覆岩裂隙的时空演化机理。结果表明，采场覆岩在采动过程中，岩层之间产生不一致的连续变形，这种岩层间的不协调变形将形成岩层移动中的各种裂隙分布。

石必明等[65]通过物理模拟开展了缓倾斜煤层保护层开采对远距离煤岩破裂变形影响的研究，揭示了覆岩垮落及裂隙演化规律。

涂敏等[66-67]运用物理模拟、现场实测和数值模拟方法，研究了远距离保护层开采过程中覆岩变形移动特性，指出保护层开采可消除或减小被保护层的煤与瓦斯突出危险性。

司荣军等[68]采用数值模拟方法分析了煤层开采过程中采场支承压力的动态变化规律，依据数值模拟结果，拟合了支承压力集中系数与工作面推进距离的关系曲线，总结出采场支承压力分布规律。

薛俊华等[69]采用数值模拟方法研究了远距离保护层卸压开采关键层的层位对被保护层压力降和变形的影响，指出关键层具有明显的位置效应，其层位对上卸压煤层的压力降、变形影响显著。

马占国等[70]采用物理模拟方法研究了下保护层回采过程中，采动覆岩结构运动规律、采动裂隙动态演化与分布特征、被保护层的应力变化和膨胀变形等规律，认为在采空区四周会形成一个离层裂隙发育的"O"形圈范围。

翟成[71]通过理论分析和数值模拟，系统研究了近距离煤层群采动裂隙场，揭示了近距离保护层开采过程中的煤岩体裂隙动态时空演化分布规律。

袁亮院士[72-73]针对不同煤层和瓦斯地质条件，探索出一整套"开采煤层顶底板卸压瓦斯抽采工程技术方法"，丰富与发展了煤与瓦斯共采理论与方法。

国内外其他学者也在上行开采方面作出了卓越的贡献，对于上行卸压开采理论的发展和完善起了巨大作用[74-80]。

1.2.3 上行开采顶板巷道破坏机制研究

我国学者自20世纪50年代即开始研究采动巷道的破坏变形机制，成果显著，尤其是1980年以来，采动巷道围岩控制理论和技术不断取得重要进展。陆士良、侯朝炯、孙恒虎等通过力学模型模拟和现场实测得出了与采空区相邻煤体内应力分布及影响范围。陆士良[81]、丁焜等[82]、吴健等[83]通过大量井下观测和试验，总结了沿空留巷全过程的巷道围岩移动规律。陆士良[84]、孙恒虎[85]、漆泰岳[86]采用理论分析、数值模拟、现场实测的方法，分析了沿空留巷基本顶断裂规律及其对留巷围岩稳定性的影响，充分研究了沿空留巷的破坏原理，从而形成了巷道围岩稳定控制技术。

靖洪文等[87]通过现场实测探讨了受采动影响的深井底板岩巷围岩松动圈的变化规律，提出了动压巷道采动影响系数，从而为动压巷道松动圈的范围确定提供了依据。

马文顶等[88]利用物理模拟研究了巷道采用不同支护形式的支护效果，得出受跨采影响的软岩巷道在不同支护条件下的变形特征，从而为同类软岩巷道支护提供了科学依据。

王卫军等[89]应用损伤理论分析了给定变形下沿空掘巷实体煤帮的支承压力分布。研究表明，煤层和直接顶厚度较大时，支承压力相对较高，巷道维护较困难，底鼓容易发生；反之，巷道维护相对较好，不易产生底鼓。

林登阁等[90]采用数值模拟和物理模拟对鲍店煤矿北翼跨采软岩巷道进行了分析，指出动压是跨采软岩巷道破坏的主要原因，岩性差、裂隙发育是巷道采动期间剧烈变形的内因。

谢文兵等[91]采用数值力学分析了近距离煤层跨采对巷道围岩稳定性的影响，认为近距离跨采巷道围岩位移受开采引起的整体位移场影响较大，而不单纯取决于煤柱侧支承压力。

高明中等[92]采用数值模拟方法对动压软岩巷道支护参数进行正交优化，并对试验结果进行回归分析，求得回归关系式，指出合理匹配锚杆、锚索等支护参数是联合支护的关键。

郑百生等[93]运用数值模拟方法，分析了近距离煤层孤岛工作面上部与下部煤层回采巷道为"楼上楼"形式时下煤层回采巷道的稳定性，指出水平应力对巷道围岩的影响比垂直应力更大。

方新秋等[94]采用现场实测、理论分析及数值模拟等方法，研究了近距离煤层群下层煤回采巷道失稳机理，提出回采巷道与上煤层采空区遗留煤柱合理的距离以及护巷煤柱合理的尺寸。

王洛锋等[95]采用平面应力模型进行了相似材料模拟试验，通过监测保护层开采过程中及稳定后被保护层应力变化情况，分析应力变化规律，计算下保护层下部合理卸压角，确定了被保护层回采巷道的合理位置。

刘建军[96]综合分析煤层群层间距、邻近工作面及煤柱的留设等因素对巷道稳定性的影响，研究了相邻煤层回采巷道破坏的机理。

吴爱民等[97]运用数值模拟再现了上覆岩层、留设煤柱及巷道的变形破坏过程，分析了邻近工作面开采和本工作面开采对上覆岩层及留设小煤柱的变形影响规律。

J.S.Tian 等[98]采用力学弹塑性理论，建立了围岩强度、采动应力和支护阻力的耦合方程，得到了动压巷道围岩弹塑性区内应力和位移分布的解析解，揭示了深井动压巷道围岩“应力-位移”的变化规律，为动压巷道支护提供了理论依据。

惠功领等[99]通过物理模拟手段对不同支护形式下的围岩变形破坏与失稳全过程进行了研究，指出巷道周边位移主要由深部煤体碎胀所引起，主动支护更适用于围岩变形量较大的动压沿空巷道。

“九五”攻关以来，煤巷树脂锚杆支护成套技术取得突破，并获得广泛应用。康红普等[100-103]、张农等[104-113]、柏建彪等[114-116]、侯朝炯等[117-120]结合复杂开采条件研究受采动影响大巷、上山、采空区顶底板巷道、沿空留巷和小煤柱沿空掘巷等动压巷道的变形破坏特征及支护技术，从而使得锚杆类支护方式在采动巷道的应用范围大大拓宽。文献[121]对沿空留巷外层岩体结构和承载环境开展研究，初步总结了沿空留巷内外层结构稳定形式和条件，明确提出留巷巷内合理支护方式为抗剪切能力强的新型高性能锚杆组合支护，突破了德国留巷只能采用 U 型钢壁后充填的支护技术。

国外对采动巷道也开展了相关的研究。W.J.Gale 等[122]采用一种边界积分的方法分析了矩形巷道的三维应力分布，其目的是确定工作面回采方向和原岩应力方向夹角区域的应力分布特性，同时考虑了围岩在此应力特性下的失稳情况。研究表明，当横向应力起主导作用时，围岩的破坏受巷道掘进方向、几何尺寸的影响巨大。

E.Unal 等[123]对受动压影响作用下回采巷道的矿压显现进行了全方位监测。研究表明，围岩变形与受载区域、时间、上下方工作面的位置、支护类型和方式，以及动态和静态支护载荷有关；建立了由指数函数表示的围岩变形数学模型，为动压巷道变形的预测提供了依据。

J.Toraño 等[124]通过采动巷道矿压观测数据分析，指出岩体的非连续性对巷道最终表面收敛的影响巨大；结合观测结果，采用两种有限元模型分析对比法研究了破碎岩体高应力条件下支护和围岩的相互作用关系，为采动巷道支护提供了参考。

国内外其他学者也在动压巷道破坏机制及巷道围岩控制方面做了许多卓有成效的工作[125-128]，这些研究丰富和发展了采动巷道围岩控制理论和方法[129]，对上行开采上覆岩层顶板巷道围岩稳定性控制具有极大的借鉴意义。

但上述研究工作多是针对开采煤层下部动压巷道或沿空巷道开展的，涉及开采煤层顶板巷道围岩稳定性控制的研究工作较少。彭苏萍院士等[130]采用现场实测和数值模拟计算探讨了开采煤层形成的弯曲下沉带内巷道围岩的变形规律；李学华等[131]针对某矿－115 m水平大巷下部煤层跨采条件，采用相似材料模拟研究了下部煤层开采引起的岩层移动规律及其对上部大巷的影响；石永奎等[132]采用数值模拟分析深井近距离煤层上行开采巷道应力；娄金福[133]采用数值模拟研究了顶板瓦斯高抽巷的采动变形机理，提出底鼓是高抽巷典型的破坏特征。

因此，煤层回采对其顶板巷道的稳定性影响是急需深入研究的课题，其研究成果的应用可以保障上行开采顶板巷道安全，从而实现矿井高产高效安全生产。

1.3 存在的主要问题

通过综合分析国内外有关研究成果不难发现，一方面，在上行开采岩层移动规律基本认识的基础上，围绕卸压开采抽采瓦斯的应力场和裂隙场分布规律的研究成果较多；另一方面，动压巷道的控制理论和技术不断取得重要进展。但仍需要进一步开展以下研究工作：

(1) 把上述两方面成果结合起来，聚焦上行开采顶板巷道围岩稳定性问题的研究尚不够系统；以巷道破坏特征和影响围岩稳定性的主控因素来区划上行开采顶板岩层，进而得出不同区位巷道合理布置方式、围岩破坏失稳机理及控制对策的研究尚不够深入，即不能很好地指导工程实践。开展此类研究可以进一步丰富和发展上行开采引起的应力场和裂隙场的研究成果。

(2) 上行开采引起的采动岩层应力场、位移场、裂隙场的时空演化与巷道围岩变形及破坏的相互作用机制尚未形成系统的研究成果，引入时空效应的研究刚刚开始，进一步的研究工作极为重要。

(3) 针对上行开采引起的采动岩层应力场、位移场、裂隙场的时空演化研究的主要方法是物理模拟和数值计算相结合的综合研究方法，而现场实测研究相对较少，大范围的应力和位移实测研究难以开展；利用超远距离钻孔跟踪窥视采动裂隙发育过程，这在现场可以实施，可以揭示上覆岩层裂隙时空演化规律。

(4) 上行开采工程具有特殊性和复杂性，必然导致顶板巷道围岩损伤变形和原有支护体系的失效；现有常规支护技术体系常常不能满足上行开采采动巷道空间维护的要求，关键技术创新亟待突破。

1.4 研究内容及方法

1.4.1 研究内容

以淮北矿业集团有限责任公司桃园煤矿煤层群上行开采为研究对象，采用现场实测、理论分析、物理模拟和数值计算相结合的研究方法，对煤层群上行开采巷道位置及应力分布规律、上行开采上覆岩层活动规律及裂隙演化规律、上行开采顶板巷道稳定性等几个方面进行了系统研究，提出了上行开采顶板巷道稳定性控制原理及关键技术。本书主要研究内容如下：

(1) 上行开采采动应力分布规律及顶板分区研究

运用 $FLAC^{3D}$ 数值软件研究上覆岩层破坏规律和采动应力动态分布规律，确定采动影响范围、发展过程及最终范围，揭示采动应力分布规律；同时考虑顶板巷道不同破坏特征及稳定性，开展顶板岩层采动应力及覆岩破坏区划研究，为上行开采顶板岩层区划提供理论基础。

(2) 上行开采覆岩裂隙时空演化规律及分区研究

以淮北矿业集团有限责任公司桃园煤矿 1001 工作面为工程背景，通过物理模拟结合巷道围岩表面收敛与深部围岩位移规律、锚杆(锚索)受力状况及采场上覆岩层长度 137 m 位移计监测结果，研究上行开采上覆岩层活动规律，确定“上三带”(以下简称“三带”)即垮落带、裂缝带和弯曲下沉带的范围，以及上行开采上覆岩层的稳定时间和巷道开挖时机；利用长度 100 m 远距离钻孔跟踪窥视上覆岩层裂隙发育过程，揭示上覆岩层的裂隙时空演化规律，比对物理模拟与数值模拟结果，进一步开展基于顶板采动巷道围岩稳定性的上行开采顶板岩层区划研究。

(3) 上行开采顶板巷道稳定性影响因素分析

利用 $FLAC^{2D}$ 数值软件，研究侧压系数、巷道断面形状、围岩强度等影响因素对巷道围岩稳定性的影响，为上行开采顶板巷道稳定性控制原理的提出和顶板巷道合理断面形状的设计提供理论依据。

(4) 上行开采顶板巷道稳定性控制原理及关键技术

基于上述研究，提出上行开采顶板巷道稳定性控制原理、顶板不同区域巷道的针对性控制对策，以及顶板巷道稳定性控制关键技术。

(5) 工程应用

研究成果在淮南矿业集团有限责任公司顾桥煤矿 1115(3)工作面回采巷道得到了成功应用。通过实测回采巷道收敛及锚杆(锚索)受力的演化特征，验证了本书的理论研究成果。

1.4.2 研究方法

通过查阅大量文献、归纳已有研究成果，提出本书的研究内容。采用现场实测、理论分析、物理模拟、数值计算和工程实践相结合的综合方法开展研究。具体研究方法如下：

(1) 现场实测研究

详细调查了淮北矿业集团有限责任公司桃园煤矿煤层群采煤工作面巷道的破坏及翻修状况，实测巷道围岩表面收敛数据、巷道深部围岩位移规律及锚杆(锚索)受力状况；采用 GDYT-10型光电岩层钻孔窥测仪进行 100 m 长度的超远距离钻孔跟踪窥视，全面系统地跟踪了上覆岩层的裂隙发展和稳定过程；开展采场上覆岩层长度 137 m 位移计监测。

(2) 数值计算

应用 FLAC 数值软件模拟煤层群上行开采上覆岩层破坏和采动应力演化过程，确定采动影响范围，依据覆岩破坏形式进行顶板岩层区划；同时研究顶板不同区域巷道断面形状适应性，分析断面形状、侧压系数和围岩强度等因素对顶板不同区域巷道稳定性的影响。

(3) 物理模拟

利用平面应力物理模拟试验台，模拟煤层群上行开采工作面上覆岩层活动及顶板巷道破坏情况，确定“三带”范围，分析顶板巷道的破坏特征及稳定性。

(4) 工程实践

将研究成果应用于淮南矿业集团有限责任公司顾桥煤矿 1115(3)工作面回采巷道。通过现场实测,评估验证研究成果的实用性与可靠性,完善理论研究成果。

本书研究的技术路线如图 1-1 所示。

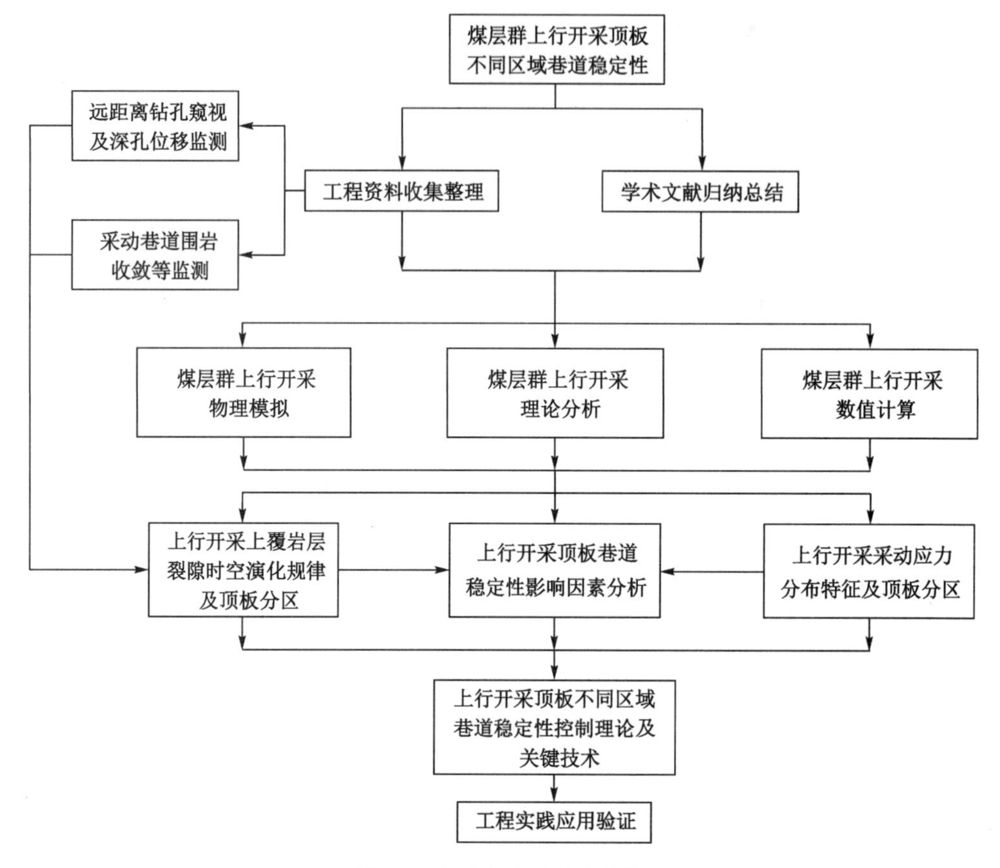

图 1-1　本书研究的技术路线

2 上行开采采动应力分布特征及顶板分区研究

上行开采引起上覆岩层移动，破坏原岩应力平衡，使周边煤岩体产生不同程度的破坏，引起应力的重新分布，这是一个动态平衡过程。顶板巷道就处在这样的工程背景中，岩层移动和采动应力是影响顶板巷道稳定性的主控因素。因此，研究上行开采岩层移动和采动应力动态分布特征，探讨采动巷道围岩稳定性的顶板岩体区划，对顶板巷道稳定性控制具有十分重要的意义，从而为上行开采顶板巷道层位布置提供理论指导。

本章以淮北矿业集团有限责任公司桃园煤矿（以下简称“桃园煤矿”）煤层群上行开采工程为研究对象，采用 $FLAC^{3D}$ 数值软件，开展上行开采采动应力分布规律及顶板分区研究。

2.1 数值模型建立

2.1.1 工程地质条件

桃园煤矿，位于安徽省宿州市南郊，南傍蚌埠市，北邻淮北市、徐州市。所处井田北以 F_1 断层为界，南以第 10 勘探线为界并与祁南煤矿毗邻，西界为 10 煤露头线，东界为 3_2 煤 －800 m底板等高线的水平投影，南北走向长约 15 km，东西倾向宽 1.5～3.5 km，面积约为 32 km^2。桃园煤矿含煤地层为石炭二叠系，煤系均被新生界松散层所覆盖，属全隐蔽式井田。区内共含可采煤层 9 层，其中，较稳定煤层 2 层，分别为 8 煤、10 煤；不稳定煤层 6 层，分别为 3_2 煤、5_2 煤、6_1 煤、6_3 煤、7_1 煤、7_2 煤；极不稳定煤层 1 层，为 4 煤。可采煤层平均总厚度为 11.84 m，占煤层总厚的 54％；较稳定煤层平均总厚度为 5.12 m，占可采煤层总厚度的 43％。主采煤层分别为 3_2 煤、7_1 煤、8 煤、10 煤。

2005 年，煤炭科学研究总院重庆分院对桃园煤矿瓦斯等级进行鉴定。在鉴定结论基础上，经安徽省经贸委批准，最终确定 8 煤为突出煤层，将桃园煤矿升级为煤与瓦斯突出矿井。针对桃园煤矿 10 煤、7_1 煤、8 煤的煤层群赋存条件，采用上行开采以解决瓦斯问题，保证矿井回采安全。下文以桃园煤矿 1001 工作面为研究对象，开展 10 煤开采对 7_1 煤和 8 煤开采条件及巷道工程稳定性影响的研究，分析上行开采过程中采动应力演化、顶板不同区域岩体的裂隙演化及破坏等规律。

2.1.2 模型几何尺寸及边界条件

以桃园煤矿 1001 工作面为研究对象（工作面长 120 m，走向推进 120 m），利用模型的对称性，计算中取 1/4 模型进行分析，采空区范围为 60 m×60 m（每次开挖步距为 10 m），采空区周边留设 90 m 宽的煤柱；采用 $FLAC^{3D}$ 数值软件建立三维数值模型，模型几何尺寸

(长×宽×高)为 150 m×150 m×150 m,坐标 $X\in[0,150]$、$Y\in[0,150]$、$Z\in[0,150]$,其中,X 轴为工作面走向方向,Y 轴为工作面倾向方向,Z 轴为铅直方向,向上为正。

模型采用 FLAC^{3D}数值软件中最常用的网格形式,即六面块体网格,考虑计算机模拟速度及模拟结果的精度,适当加密靠近开采煤层顶板、底板处的岩层网格,远离开采煤层的岩层则相应变稀,共划分出 231 300 个单元,共计 252 669 个节点。

边界条件采用位移和应力边界,确定如下:

① 位移边界:$X=0$、$X=150$ m、$Y=0$、$Y=150$ m 和 $Z=0$ 面上均为法向位移约束。

② 应力边界:由于模拟开采煤层上覆岩层的厚度有限,因此模型上边界采用应力边界,施加 10 MPa 的等效载荷,相当于上覆厚 400 m 岩层的重力。

建立的 FLAC^{3D}三维数值模型如图 2-1 所示。

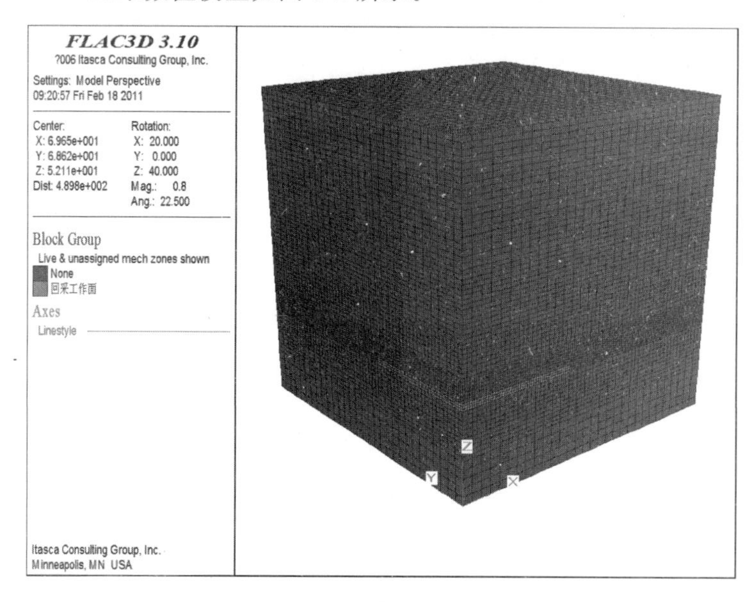

图 2-1 FLAC^{3D}三维数值模型

2.1.3 本构模型及力学参数

根据理论和经验,在工作面煤层回采过程中,采场周围岩体的破坏主要是拉应力和剪应力的作用造成的。因此,模型计算采用莫尔-库仑(Mohr-Coulomb)屈服准则:

$$f_s=\sigma_1-\sigma_3\frac{1+\sin\varphi}{1-\sin\varphi}+2C\sqrt{\frac{1+\sin\varphi}{1-\sin\varphi}} \tag{2-1}$$

式中,σ_1,σ_3 分别为最大和最小主应力;C 和 φ 分别为材料的内聚力和内摩擦角。当 $f_s<0$ 时,材料将发生剪切破坏。在一般低应力状态下,岩石(煤)是一种脆性材料,因此可根据岩石的抗拉强度判断岩石是否产生拉破坏。

开挖部分选用 null 单元模拟,为了避免在回采期间开采煤层的顶底板相互嵌入,开采煤层顶底板使用 interface 单元模拟。

Mohr-Coulomb 本构模型的材料选项中涉及密度 ρ、体积模量 K、剪切模量 G、内聚力

C、内摩擦角 φ 以及抗拉强度 σ_t 等参数。根据桃园煤矿 1001 工作面煤层赋存条件和现场提供的资料，参考有关岩石力学分析计算手册，计算中选取的岩石物理力学参数见表 2-1。

表 2-1　数值模拟模型各岩层主要物理力学参数

岩层名称	厚度 h/m	密度 ρ/(kg/m³)	体积模量 K/GPa	剪切模量 G/GPa	内聚力 C /MPa	内摩擦角 φ/(°)	抗拉强度 σ_t/MPa
泥岩	14.0	2 200	3.03	1.56	1.2	27	1.0
粉砂岩	7.5	2 700	2.68	1.84	2.0	32	2.0
泥岩	4.0	2 200	3.03	1.56	1.2	27	1.0
8 煤	3.0	1 400	1.19	0.37	0.8	23	0.5
砂质泥岩	10.0	2 200	3.03	1.56	1.2	29	1.0
粉砂岩	4.0	2 700	2.68	1.84	2.0	32	2.0
泥岩	6.0	2 200	3.03	1.56	1.2	27	1.0
粉砂岩	6.0	2 700	2.68	1.84	2.0	32	2.0
细砂岩	4.0	2 600	5.56	4.17	2.0	35	2.5
砂质泥岩	15.0	2 200	3.03	1.56	1.2	29	1.0
细砂岩	8.0	2 600	5.56	4.17	2.0	35	2.5
泥岩	8.0	2 200	3.03	1.56	1.2	27	1.0
粉砂岩	10.0	2 700	2.68	1.84	2.0	32	2.0
泥岩	5.0	2 200	3.03	1.56	1.2	27	1.0
10 煤	3.5	1 400	1.19	0.37	0.8	23	0.5
细砂岩	6.0	2 600	5.56	4.17	2.0	35	2.5
砂质泥岩	14.0	2 200	3.03	1.56	1.2	29	1.0
粉砂岩	20.0	2 700	2.68	1.84	2.0	32	2.0

2.1.4　观测线布置

煤层群上行开采中，当卸压首采煤层确定以后，需要在首采煤层上方布置一系列的巷道，如图 2-2 所示。其中抽采瓦斯专用巷道包括高位巷和底板抽采巷[24]，高位巷通常位于覆岩裂缝带内，与首采煤层回采巷道有内错、对齐和外错三种对应关系，对应的应力环境为应力降低区、应力过渡区、应力增高区。高位巷主要用于掩护首采煤层回采巷道掘进和抽采首采煤层卸压瓦斯，通常需要维护 3～4 a，维护时间较长，受开采煤层侧向支承压力影响强烈，对支护要求较高。近距离煤层群联合开采时，高位巷也可能布置在顶板煤层中，可以作为上部相邻煤层的回采巷道。

弯曲下沉带内还可能布置其他用途巷道[130-132]。为进一步提高主采煤层的瓦斯抽采能力，缩短抽采时间，有时需要在主采煤层底板布置底板抽采巷，该巷道处于应力降低区；还需要布置开拓大巷、采区上下山，其应力环境与底板抽采巷相同，但是服务年限达 5～10 a，甚至更长，并要经受下伏煤层回采产生的移动式附加采动应力作用。

结合上行开采顶板不同功能巷道的位置布置测线，见图 2-3。每个层位均布置三条测

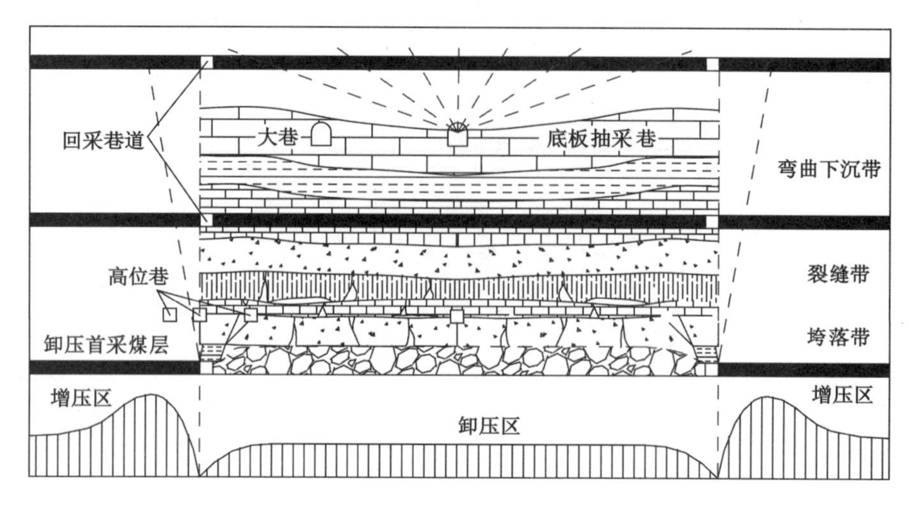

图 2-2　上行开采顶板巷道布置示意

线，分别标记为 Z-1、Z-2 和 Z-3，其中 Z 表示测线至 10 煤顶板的垂直距离，如 5-1 表示距 10 煤顶板的垂直距离为 5 m 的 1 号测线。监测的层位分别距 10 煤顶板 5 m、15 m、25 m、35 m、55 m 和 76 m(8 煤层位)，共计 18 条测线。

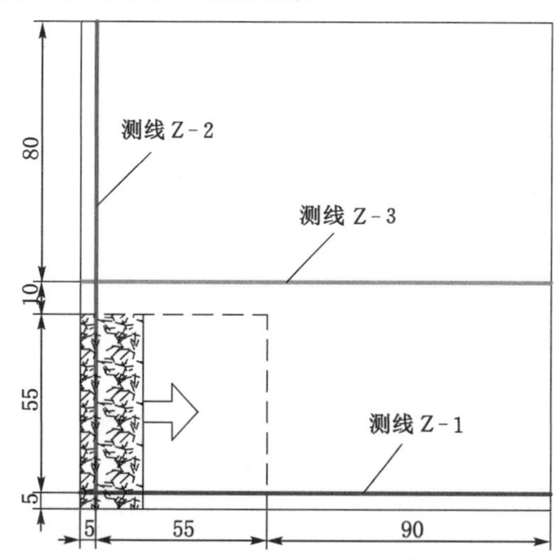

图 2-3　工作面顶板测线布置平面图(单位：m)

2.2　上覆岩层破坏规律及分区

2.2.1　上覆岩层位移特征

岩石是脆性材料，在发生大变形情况下易破坏。由于 FLAC 采用连续介质，因此在工作面回采过程中无法直接根据顶板垮落和断裂的形式来判断工作面来压情况，但是可以根据顶板位移等值线密集程度和采场周边支承压力变化来判断顶板发生垮落与否[134-135]。通过对图 2-4 至图 2-8 所示工作面走向和倾向位移云图的分析可以看出：

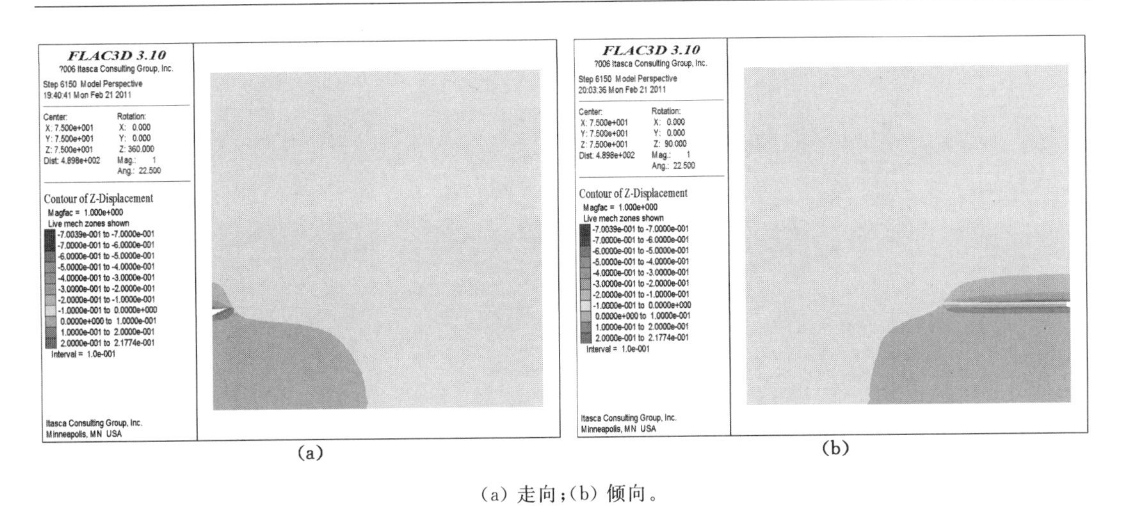

(a) 走向;(b) 倾向。

图 2-4　工作面推进 10 m 沿走向和倾向位移云图

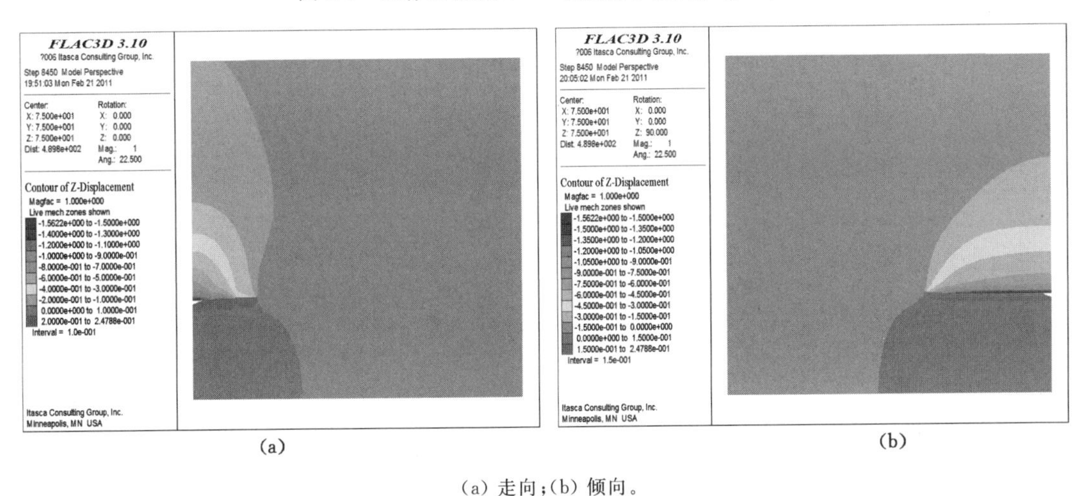

(a) 走向;(b) 倾向。

图 2-5　工作面推进 30 m 沿走向和倾向位移云图

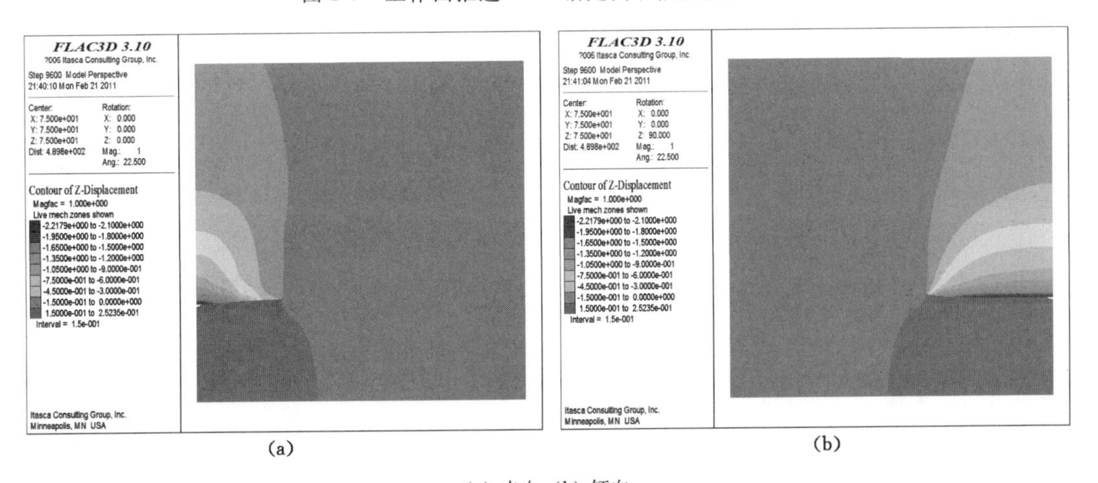

(a) 走向;(b) 倾向。

图 2-6　工作面推进 40 m 沿走向和倾向位移云图

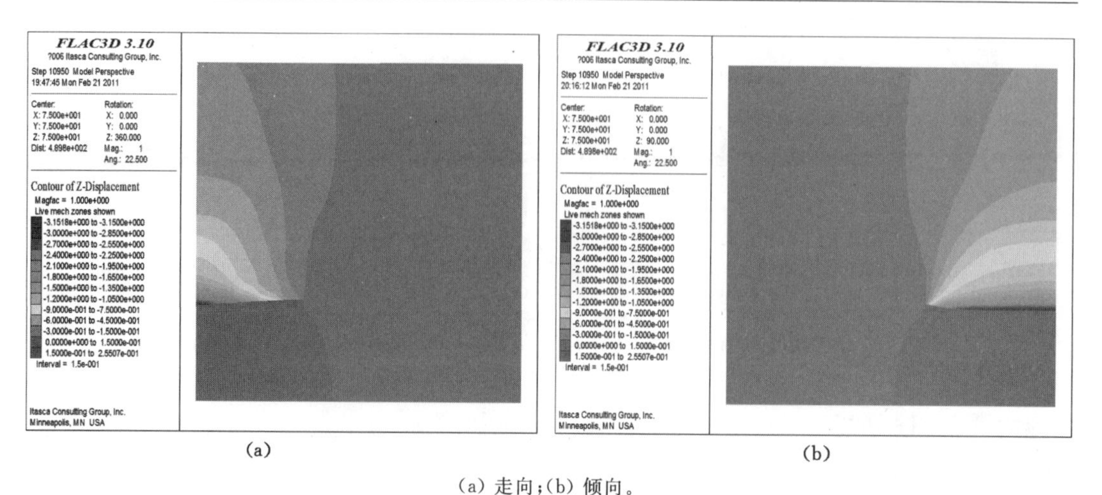

(a)　　　　(b)

(a) 走向;(b) 倾向。

图 2-7　工作面推进 50 m 沿走向和倾向位移云图

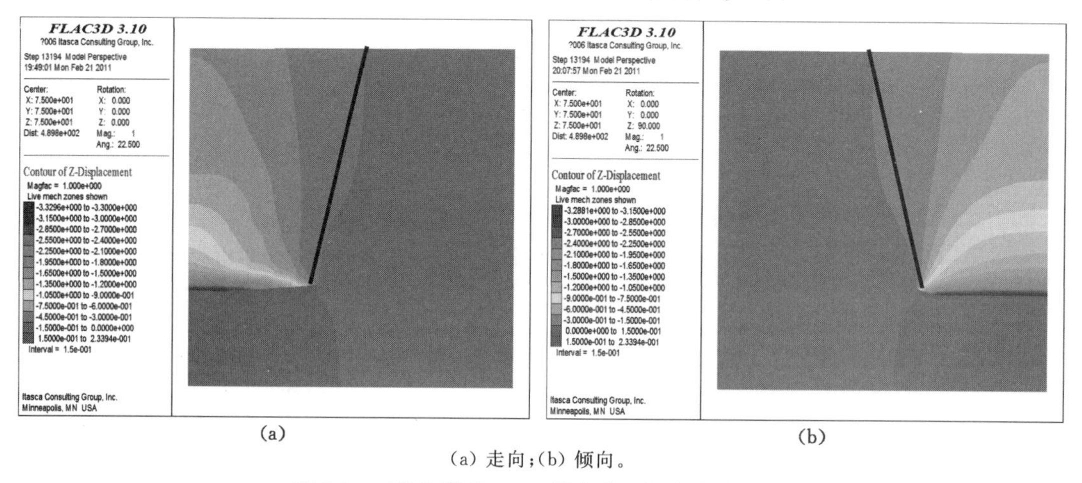

(a)　　　　(b)

(a) 走向;(b) 倾向。

图 2-8　工作面推进 60 m 沿走向和倾向位移云图

(1) 工作面回采初期,顶底板发生位移的区域较小,随着工作面推进距离的增大,10 煤顶底板出现了明显的竖向位移。

(2) 工作面推进 30 m 时,顶板产生明显位移的区域较底板大,呈漏斗状或盆状,并波及加载覆岩,顶板最大下沉量达 1.56 m,直接顶附近位移等值线密集。而距 10 煤直接顶 5 m 处的 1 号和 2 号测线监测结果表明,推进 30 m、40 m 和 50 m,超前支承压力峰值分别达 18.3 MPa、18.6 MPa 和 18.8 MPa,而侧向支承压力峰值分别达 18.1 MPa、18.2 MPa、18.3 MPa。支承压力在工作面推进 30 m 时即开始稳定,结合密集位移等值线的形成情况,判断工作面初次来压步距为 30 m。

(3) 工作面初次来压后,顶板加速下沉,工作面推进 40 m 和 50 m 时的顶板最大下沉量分别达2.22 m和 3.15 m,位移增幅较大。

(4) 当工作面推进 60 m 即见方(工作面推进距离和工作面长度相等)时,工作面近于充分采动,上覆岩层移动范围达到最大,岩层移动角为 80°。工作面倾向和走向位移近似对称分布,顶板覆岩下沉量在采空区中部达最大值(利用模型对称性,取 1/4 模型),覆岩与底板产生接触,其下沉量不再继续增大,并在顶板 12 m 范围内生成密集位移等值线。顶板 12 m

以上岩层位移开始收敛；而 12 m 以下岩层位移不收敛，形成垮落带，由于各个区域在垮落后位置都不确定，其受力也具有不确定性。随着层位的升高，采空区上方的岩层位移逐渐减小，但仍明显高于工作面前方切顶线和侧向切顶线以外的岩层位移，切顶线以外的岩层变形以小变形为主，采空区上方的岩层则以大变形为主。

2.2.2 上覆岩层破坏规律

通过分析上覆岩层破坏形成的塑性区可以揭示工作面开采后顶板岩层破坏规律。图 2-9至图 2-12 为塑性区形成及发展过程，反映了不同推进距离时覆岩塑性区的发育情况。

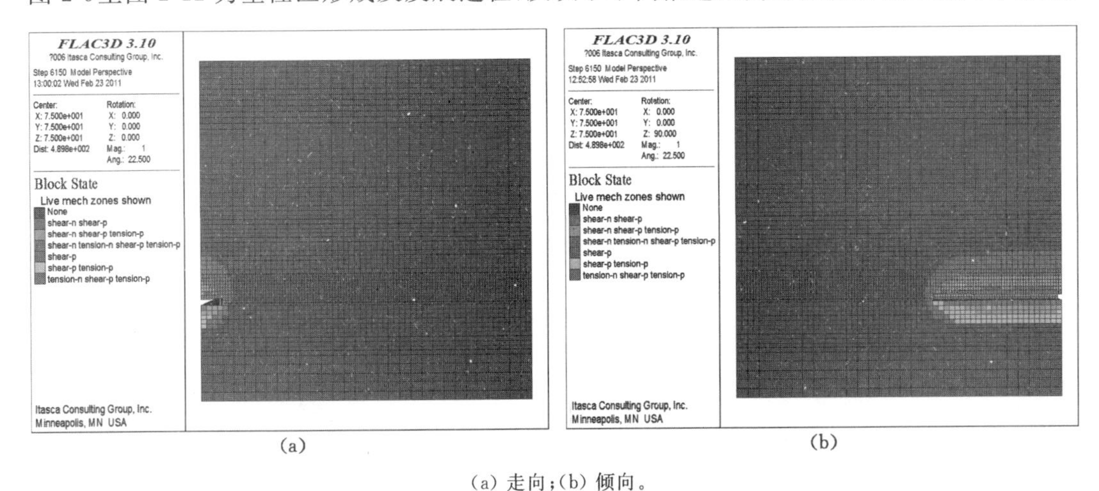

(a) (b)

(a) 走向；(b) 倾向。

图 2-9 工作面推进 10 m 沿走向和倾向塑性区分布

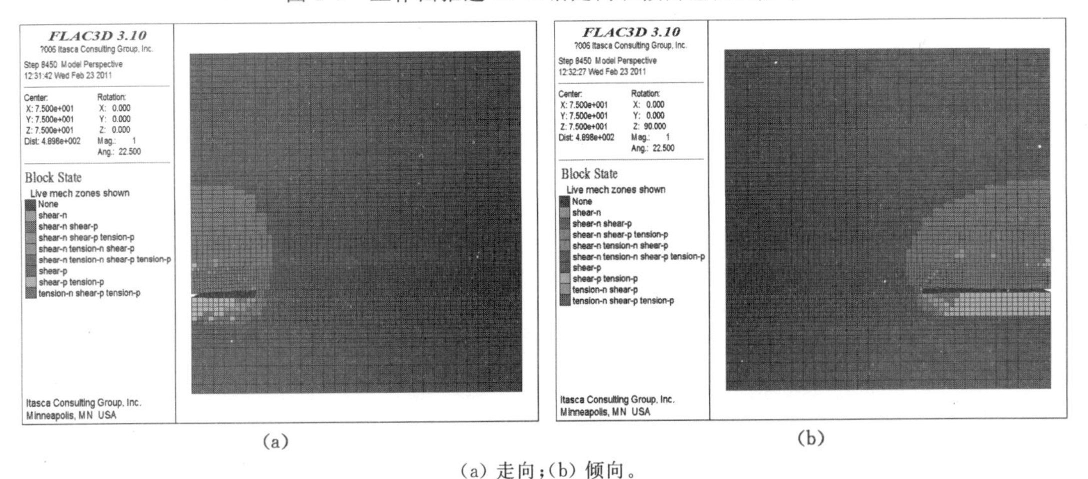

(a) (b)

(a) 走向；(b) 倾向。

图 2-10 工作面推进 30 m 沿走向和倾向塑性区分布

分析图 2-9 至图 2-12，得到如下规律：

(1) 工作面回采初期，直接顶有少量的拉伸破坏，直接顶往上的破坏以剪切破坏和剪拉破坏为主，塑性区高度达 18.5 m；随着工作面的推进，拉伸破坏的区域逐渐增大，而上部剪切破坏和剪拉破坏的范围也在不断扩大。当工作面推进 30 m 时，顶板拉伸破坏高度达 12 m，塑性区整体高度达 46 m，顶板拉伸裂隙和剪切裂隙大量发育，从而导致工作面顶板断

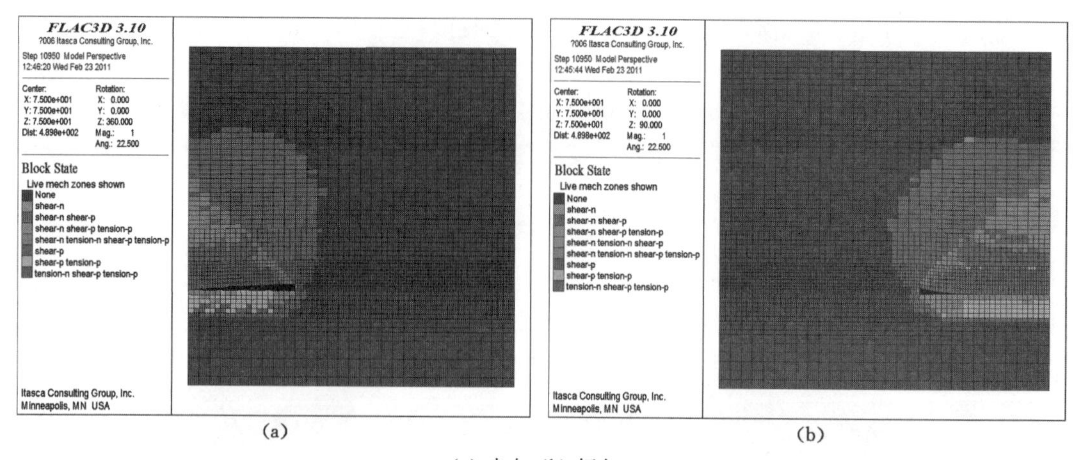

(a) 走向；(b) 倾向。

图 2-11　工作面推进 50 m 沿走向和倾向塑性区分布

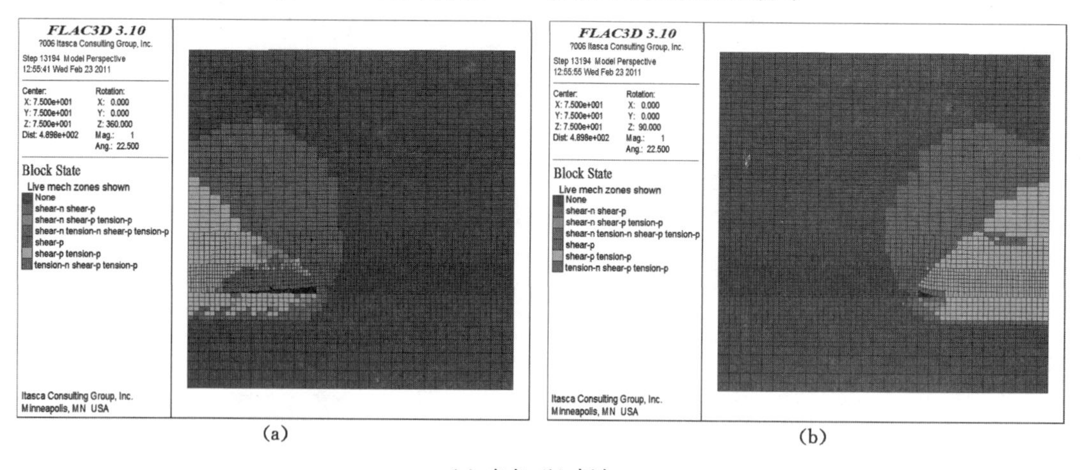

(a) 走向；(b) 倾向。

图 2-12　工作面推进 60 m 沿走向和倾向塑性区分布

裂、垮落，随之产生初次来压；当工作面推进 50 m 和 60 m 时，塑性区的高度分别为 64.5 m 和 67 m，塑性区在垂直方向上的发展趋于稳定。

(2) 工作面走向和倾向塑性区近似对称，其最终形态似呈两端高、中间低的马鞍形。采空区中央的破坏范围低于边界处的破坏范围，覆岩破坏最高点位于开采边界内，其主要原因为边界煤柱的存在，该处岩体处于拉压应力区，其上方的破坏影响范围大一些。

(3) 剪切破坏主要位于塑性区上部，随着工作面推进，剪切破坏的范围先增大后减小。这说明工作面顶板破坏由剪切破坏开始，其间裂隙得到发育，进而发展为拉伸破坏和剪拉破坏。

(4) 塑性区的分布在垂直方向上具有明显的分区特征，自煤层顶板由下而上，依次为拉破坏区、剪拉破坏区、剪切破坏区和未破坏区。拉破坏区域对应于垮落带（0～12 m 范围）。由于弯曲下沉带底部岩层产生塑性变形，局部发生剪切破坏[136-137]，因此裂缝带包括剪拉破坏区域和部分剪切破坏区域，裂缝带高度为 48.5～64.5 m，平均为 56.5 m，其上为弯曲下沉带。

$FLAC^{3D}$的边界条件比$FLAC^{2D}$的多，可限制开采扰动向上扩展，因此，剪拉破坏区和剪切破坏区的范围受到一定的限制，裂缝带高度可能比现场实际裂缝带高度小[138]。

综合塑性区形成、发展及稳定的变化规律，采场上覆岩层破坏的主要类型有剪切破坏、剪拉破坏和拉破坏，结合采场“三带”及采动影响范围，根据沿工作面倾向上覆岩层的破坏形式，划分不同破坏区域(图 2-13)：

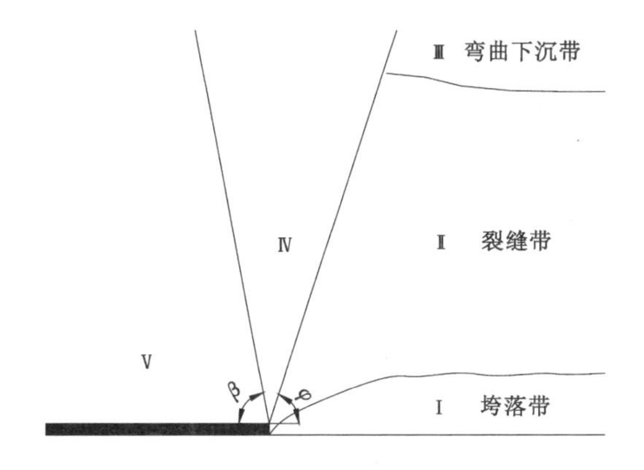

图 2-13 上覆岩层破坏形式(沿工作面倾向)

① 垮落带岩体垮落，与上覆岩层基本上未有连接，以拉破坏为主，为Ⅰ区。

② 裂缝带内岩层之间相互连接，剪切错动和张拉严重，以剪破坏和张拉破坏组合破坏为主，为Ⅱ区。

③ 弯曲下沉带内底部岩层产生塑性变形，局部发生剪切破坏，为Ⅲ区。

④ 垮落线与岩层移动边界之间区域，为大变形和小变形过渡区域，剪切错动严重，形成集中程度很高的剪切应力带，以剪切破坏为主，为Ⅳ区，但Ⅳ区在产生剪切裂隙的同时，易产生张拉裂隙。

⑤ 应力增高区内部分岩层也发生剪切破坏，但由于该区岩层应力升高，岩层受压产生剪切破坏，因此，该区的破坏形式与Ⅳ区有一定区别，为Ⅴ区。

沿工作面推进方向也存在上述五个区域。上覆岩层顶板巷道围岩即采场覆岩，因此顶板巷道的破坏形式与采场上覆岩层破坏是统一的。

2.3 上覆岩层采动应力分布及分区

2.3.1 直接顶采动应力分布及分区

开采过程是一个岩层中的原岩应力状态不断受到扰动，应力不断重新分布，由一种平衡状态达到另一种平衡状态的发展过程。图 2-14 为工作面推进 10 m、20 m、30 m、40 m、50 m和 60 m 时直接顶的垂直应力分布情况，演绎了采动应力不断调整变化的过程。

由图 2-14 可以明显看出，垂直应力具有明显的分区特征，在工作面前方和侧向形成两个应力增高区，主要原因为在工作面推进过程中这两个区域内岩体处于压缩变形状态，造成应变能的积累，从而出现了不同程度的应力集中现象。而采空区上方覆岩由于应变能得到

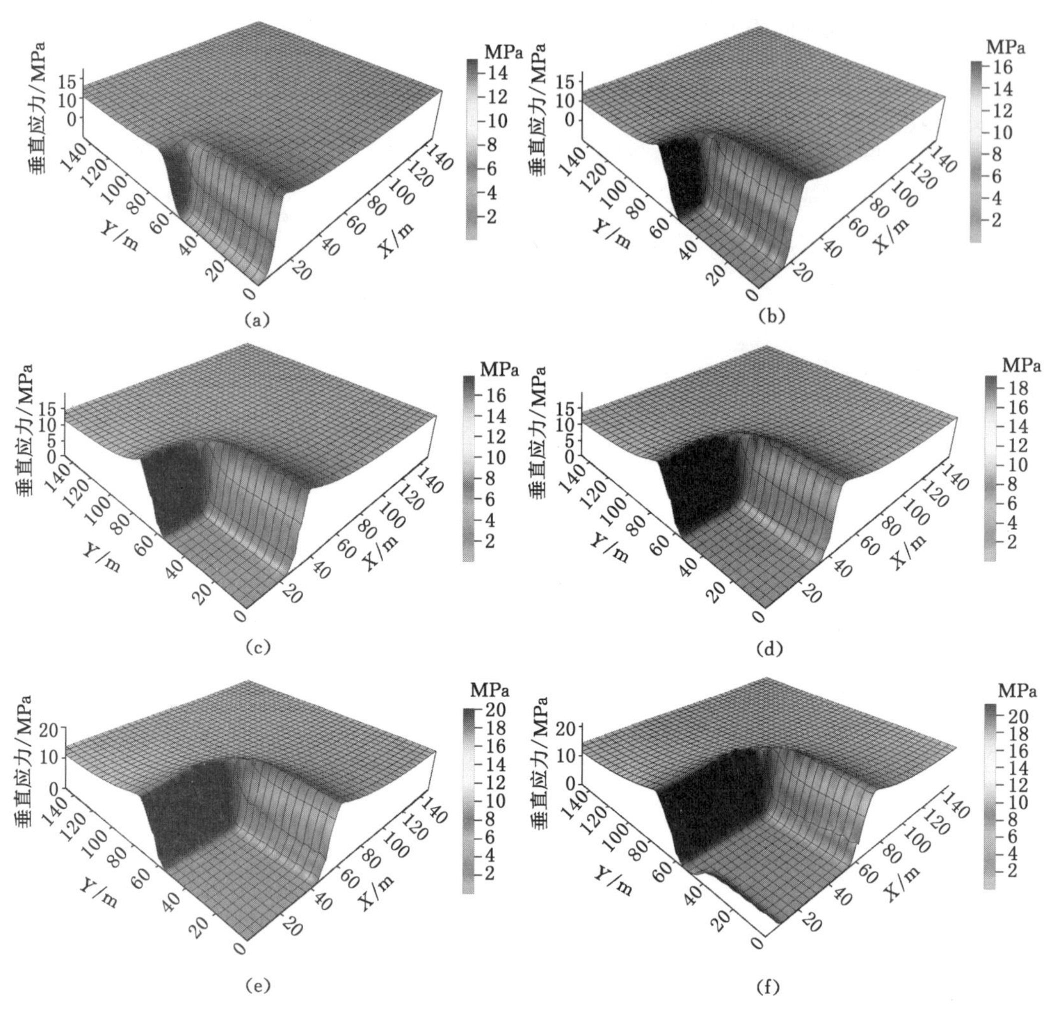

(a) 工作面推进 10 m;(b) 工作面推进 20 m;(c) 工作面推进 30 m;
(d) 工作面推进 40 m;(e) 工作面推进 50 m;(f) 工作面推进 60 m。

图 2-14 垂直应力随工作面推进的演化过程

有效的释放,出现应力降低区。结合位移分析,应力增高区对应的竖向位移变化较小,应力降低区对应的竖向位移变化较大,应力变化与位移变化存在较好的对应关系。

利用 $FLAC^{3D}$命令流提取直接顶应力值,得到工作面直接顶(距 10 煤顶板 5 m)的垂直应力在工作面回采过程中沿工作面推进方向和倾向的变化曲线,见图 2-15 和图 2-16。

图 2-17 为工作面侧向应力增高区测线 5-3 沿工作面走向垂直应力分布曲线,沿工作面推进方向应力增高区垂直应力变化规律如下:

(1) 随着工作面推进距离的增大,垂直应力的应力水平整体提高,应力集中程度逐渐增大,超前影响范围也相应扩大,受动压影响程度加剧,当工作面见方时,垂直应力达到峰值,为 20.9 MPa,高于超前支承压力。

(2) 垂直应力的峰值点与工作面煤壁的水平距离呈先逐渐增大、后稳定的变化规律,初次来压后,峰值点滞后工作面煤壁约 20 m。

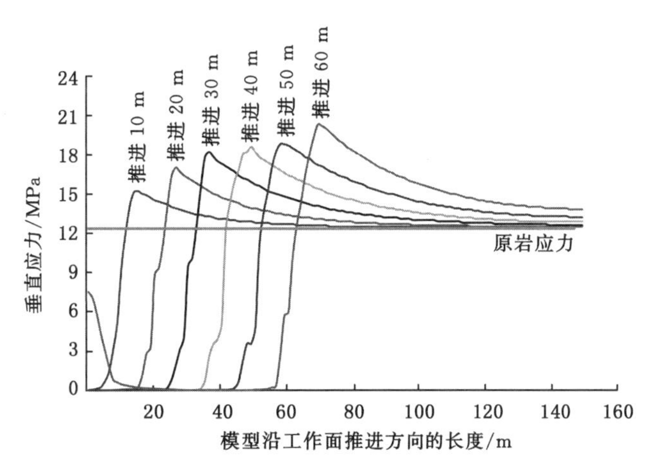

图 2-15　测线 5-1 沿工作面走向垂直应力分布

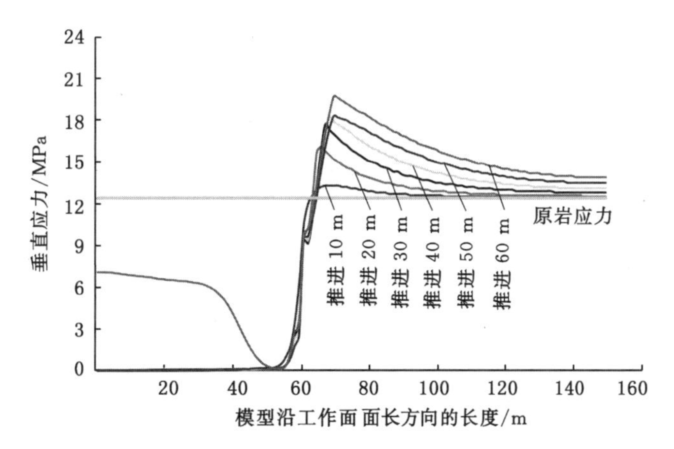

图 2-16　测线 5-2 沿工作面倾向垂直应力分布

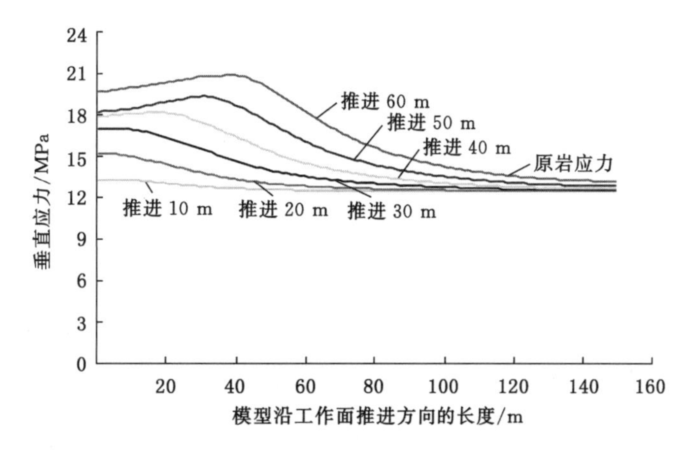

图 2-17　测线 5-3 沿工作面走向垂直应力分布

(3) 图 2-17 反映了在工作面侧向应力增高区沿工作面走向布置巷道的采动应力分布规律,位于工作面前方的巷道受到的采动应力不断升高;进入工作面后方,采动应力在工作面后方一定距离处达到峰值,之后略微下降;巷道将长期处于高应力状态,因此巷道维护十分困难。

工作面推进不同距离时直接顶垂直应力峰值及其位置如表 2-2 所示。

表 2-2　工作面推进不同距离时直接顶垂直应力峰值及其位置

工作面推进距离/m	测线 5-1		测线 5-2		测线 5-3	
	垂直应力峰值/MPa	峰值处与工作面煤壁水平距离/m	垂直应力峰值/MPa	峰值处与采空区煤壁水平距离/m	垂直应力峰值/MPa	峰值处与工作面煤壁水平距离/m
0	12.5	—	12.5	—	12.5	—
10	15.2	5.6	13.3	6.9	13.3	9.3
20	17	6.9	16.1	6.56	15.2	14.3
30	18.3	6.9	18.1	6.8	17	20.6
40	18.6	9.3	18.2	8.1	18.2	20.6
50	18.8	10.5	18.3	9.3	19.4	19.4
60	20.3	10.6	19.7	9.3	20.9	20.6

2.3.2　不同层位采动应力分布及侧压系数变化规律

2.3.2.1　不同层位采动应力分布规律

直接顶应力动态发展与演化规律表明,当工作面推进距离与面长相等时,采场周边区域受采动影响强烈,对顶板巷道的稳定性影响最大,因此选择工作面推进 60 m 来研究上覆岩层中巷道布置层位的应力分布规律更具代表性,10 煤顶板 5 m、15 m、25 m、35 m、55 m 和 76 m(8 煤)层位垂直应力分布如图 2-18 所示。

分析图 2-18 和图 2-19,得到如下规律:

(1) 随着层位的升高,应力增高区垂直应力逐渐减小,应力集中系数逐渐减小;卸压区垂直应力逐渐升高,说明远离开采煤层,受采动影响程度逐渐减小。

(2) 1 号测线的垂直应力分布表明,随着层位的开高,垂直应力峰值点与工作面煤壁的水平距离呈减小趋势,由直接顶的 10.6 m 减小到 76 m 层位(即 8 煤层位)的 6.75 m,且介于应力增高区与应力降低区之间的应力过渡区,其应力变化逐渐缓和;侧向支承压力也遵循这一规律。

(3) 3 号测线的垂直应力分布表明,随着层位的升高,垂直应力集中现象逐渐缓和,距开采煤层 55 m 和 76 m 时,垂直应力分布呈线性特征,高于原岩应力 0.5～2.0 MPa,受工作面采动影响小。

因此,在满足巷道正常用途的前提下,选择距开采煤层较远的层位布置顶板巷道,可以降低强动压对巷道的影响,利于巷道维护。

2.1.2.2　10 煤顶板不同层位侧压系数变化规律

在采动调整过程及最终形成的应力场中,水平应力和垂直应力相差较大;侧压系数是描

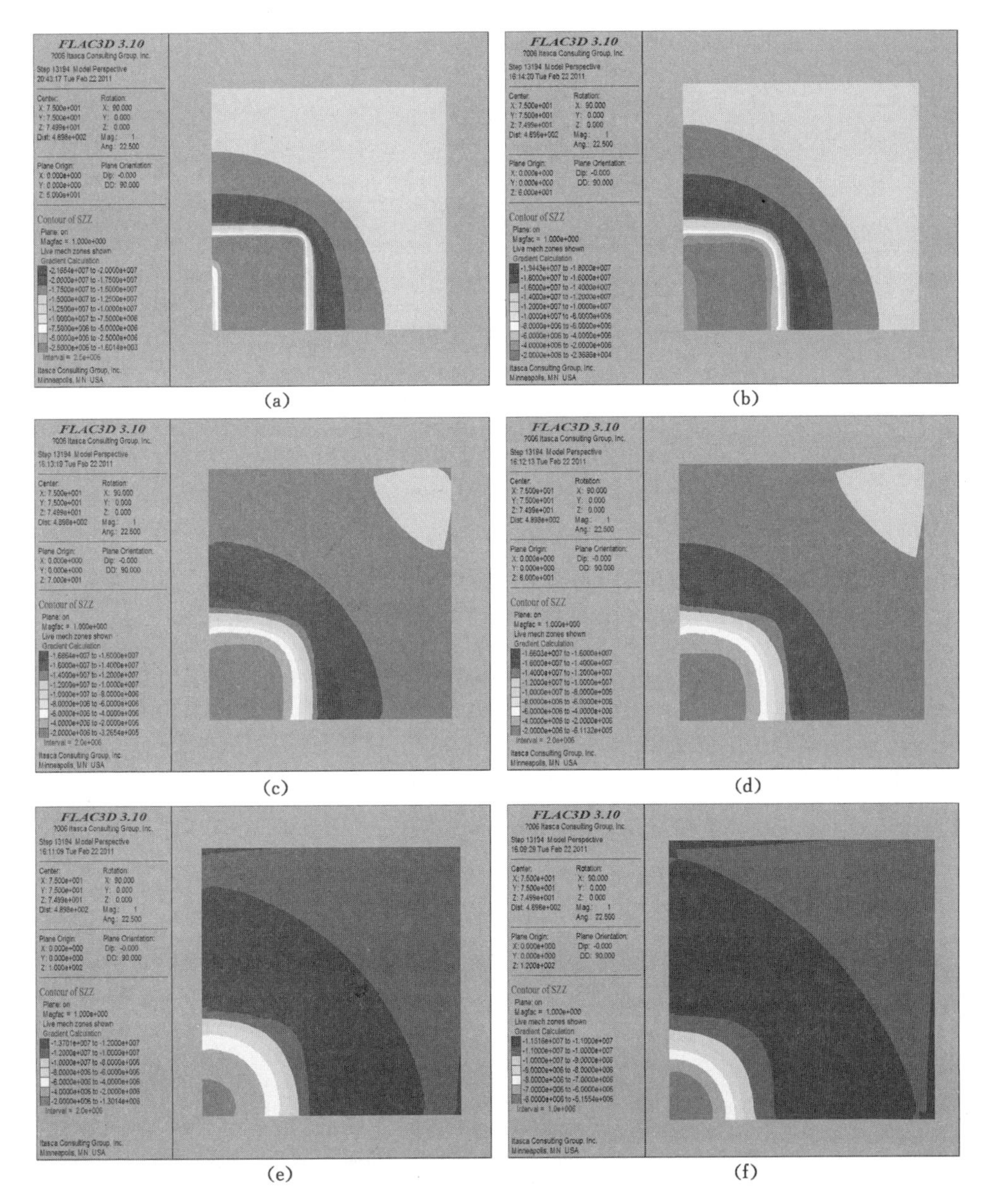

(a) 5 m;(b) 15 m;(c) 25 m;(d) 35 m;(e) 55 m;(f) 76 m。

图 2-18 10 煤顶板不同层位的垂直应力分布

述地应力状态的一个物理量,可以用侧压系数来反映水平应力和垂直应力的差异性,如图 2-20所示。

分析图 2-20,得到如下规律:

(1) 回采煤层顶板上方同一投影位置,层位不同,侧压系数不同。

(2) 工作面超前支承压力影响范围内,其侧压系数变化规律具有特异性。超前采动影响范围内,距煤层较近的岩层,其侧压系数首先开始逐渐降低,在工作面前方约 10 m 位置达到极小值,之后进入升高阶段,在工作面煤壁处,侧压系数普遍大于 1,但均小于 1.6;层位

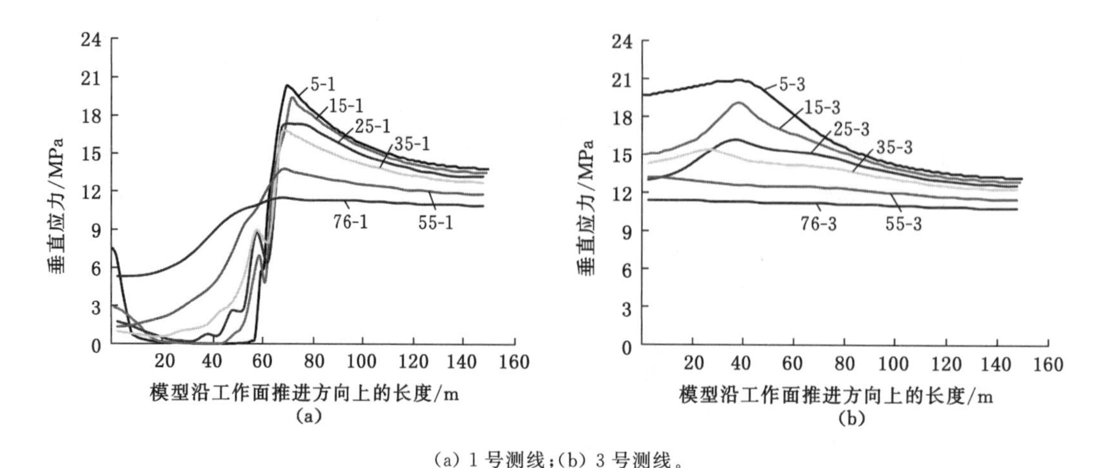

(a) 1 号测线；(b) 3 号测线。

图 2-19　工作面顶板不同层位的 1 号和 3 号测线的垂直应力

升高，极小值随之升高，当层位升高到一定距离时，侧压系数的极小值消失，且超前支承压力影响范围内，侧压系数一直处于升高状态，甚至在保持大于 1 的情况下持续增大，如图 2-20(a)中的 76-1 曲线所示。

(3) 对于在工作面侧向应力增高区布置的 3 号测线，其侧压系数 λ 均小于 1。在工作面回采过程中，测线位于工作面前方的部分，其侧压系数开始平缓降低，随着工作面推进，进入工作面后方，侧压系数开始加速衰减，距离开采煤层越近，侧压系数降幅越大，稳定后其值越小；随层位升高，侧压系数降幅减小，侧压系数衰减变缓。

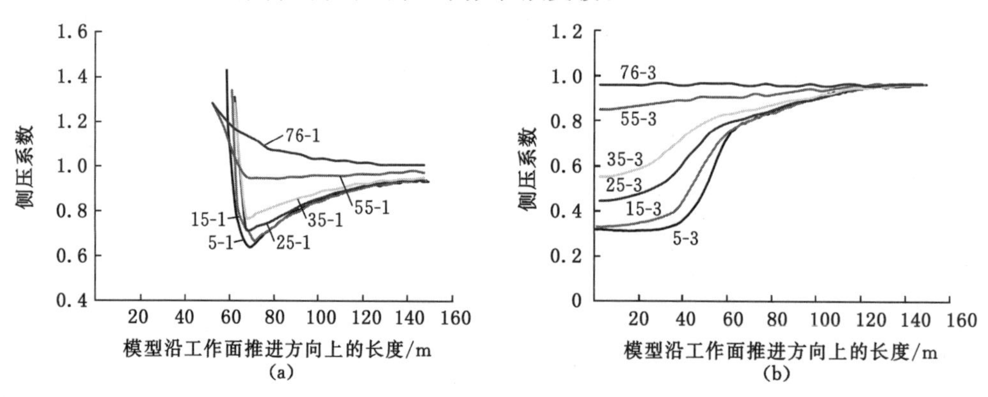

(a) 1 号测线；(b) 3 号测线。

图 2-20　上覆岩层顶板不同层位 1 号和 3 号测线的侧压系数

3　上行开采覆岩裂隙时空演化规律及分区研究

煤层开采后，上覆岩层在自重的作用下变形、移动与破坏，并渐次向上发展，在顶板中自下而上形成垮落带、裂缝带和弯曲下沉带。在这一过程中，上覆岩层裂隙动态演化，是影响顶板巷道稳定的另一主控因素。

本章主要以桃园煤矿 1001 工作面为工程背景，构建上行开采上覆岩层活动规律及顶板巷道稳定性研究试验系统，将长度 100 m 超远距离钻孔裂隙窥视、137 m 深孔位移监测和受采动巷道围岩收敛观测等多种手段相结合，长期跟踪窥视顶板覆岩裂隙发展及巷道稳定过程，开展上行开采上覆岩层裂隙时空演化规律研究，深入分析影响巷道稳定的这一主控因素，同时进一步对顶板岩层进行区域划分研究，以指导上行开采顶板不同区域巷道的布置及施工时机。

3.1　上行开采覆岩裂隙时空演化物理模拟研究

对煤矿来说，实际工程现场实测的周期长，耗费大量人力、物力和财力，且受现场条件限制严重、局限性大；岩体内部性状变化测试困难，且现场难以揭示围岩宏观运动的本质；虽然新的研究方法和测试技术不断涌现，且被广泛应用于采矿工程研究领域，但是无法适应煤矿井下恶劣的工作环境[139]，至今仍未能很好地解决此类问题。

采矿方面的数值模拟目前可以模拟采动应力分布、大变形移动破坏、裂隙分布及发展等，但缺乏精确计算所需的真实原岩应力场[140]、真实岩体物理力学参数等基础数据，其模拟结果往往与实际工程有较大差异，无法实现真正的“仿真”。

而采矿物理模拟是以相似理论、因次分析作为依据的试验研究方法，该方法灵活，具有条件容易控制、破坏形式观察直观、试验周期短、可以重复试验等特点，可对各种采矿条件进行方便的模拟研究，能最大限度地反映采场岩层的破裂、垮落以及岩层移动和裂隙演化的物理本质[141]。采矿物理模拟在中国、美国、澳大利亚、波兰等世界主要采煤国家得到广泛应用，从诞生至今早已成为国内外矿业界的一种重要的研究手段。借助相似材料物理模拟试验，取得了许多先进的研究成果，如著名的“砌体梁”结构力学模型、关键层理论[142]、采场上覆岩层“三带”形成规律、基本顶岩层破断规律等[30]。

因此，相似材料物理模拟是一种世界矿业界公认的行之有效的研究方法，应用该方法研究上行开采覆岩采动裂隙演化及分形特征具有先进性和可行性。

3.1.1 物理模型

3.1.1.1 模型尺寸及有关参数

本次物理模拟试验在中国矿业大学煤炭资源与安全开采国家重点实验室进行，采用平面应力物理模拟模型架(图 3-1)，几何尺寸(长×宽×高)为 2 500 mm×200 mm×1 000 mm。整个试验系统主要包括框架系统、加载系统和测试系统三部分。

图 3-1 平面应力物理模拟模型架

物理模拟试验的成功与否取决于模型与原型相似条件的满足程度，按照一般的物理现象相似要求，应满足基本的相似条件：几何相似、运动相似、应力相似、动力相似和外力相似。淮北矿业集团有限责任公司桃园煤矿 1001 工作面埋深为 500 m，工作面长度为120 m，采动影响范围为 60 m，实际工程的埋深大，加上物理模型架长度和高度限制，物理模型能模拟的实际工程尺寸(长×高)为 250 m×100 m，因此，根据现场实际工程尺寸及模型尺寸，确定模型的几何相似比 $C_l=1:100$；岩层密度 $\rho=2.5\ \mathrm{g/cm^3}$，相似材料密度 $\rho_1=1.5\ \mathrm{g/cm^3}$，因此密度相似常数 $C_\rho=15:25$，应力相似常数 $C_\sigma=15/(100\times25)\approx1:166.7$。

模型架尺寸有限，物理模型只能模拟实际工程的 100 m 厚度的岩层，而 1001 工作面埋深 500 m，因此采用外载代替未能模拟到的上覆岩层重力，未能模拟的上覆岩层实际厚度 $H=400$ m，物理模型上部需要施加的载荷为：

$$\sigma_{\mathrm{vm}}=\rho g H C_\sigma \tag{3-1}$$

式中 ρ ——岩层的密度，取 2.5 g/cm^3；

g ——重力加速度，取 10 m/s^2；

H ——未能模拟的上覆岩层实际厚度，为 400 m；

C_σ ——应力相似常数，约为$\dfrac{1}{166.7}$。

得到 $\sigma_{\mathrm{vm}}=0.06$ MPa=60 kPa，即物理模型上部需要施加 60 kPa 的载荷。本试验采用杠杆加载方法，通过增减重块的数量和调节重块与支点的间距实现加载，施加的力 $F=1.2$ kN=1 200 N。

选取模型各岩层参数时，以岩石单轴抗压强度为主要相似物理量，同时要求其他各物理量近似相似，各岩层的材料由砂子、碳酸钙、石膏等相似材料按照实际情况配比制成[29]，桃园煤矿 1001 工作面相似模拟岩层自下而上配比情况见表 3-1。

表 3-1　相似材料配比及物理力学参数

岩性	配比号	厚度/mm	密度/(g/cm³)	单轴抗压强度		材料质量/kg			
				σ_{cp}/MPa	σ_{cm}/kPa	砂子	碳酸钙	石膏	水
粉砂岩	537	75	1.5	35	210	46.88	2.81	6.56	8.04
泥岩	755	40	1.5	20	120	26.25	1.88	1.88	3.33
8 煤	773	30	1.5	10	60	19.69	1.97	0.84	2.50
砂质泥岩	555	100	1.5	25	1 150	62.50	6.25	6.25	8.33
粉砂岩	537	40	1.5	35	210	25.00	1.50	3.50	3.33
泥岩	755	60	1.5	18	108	39.38	2.81	2.81	5.00
粉砂岩	537	60	1.5	35	210	37.50	2.25	5.25	5.00
细砂岩	437	40	1.5	45	270	24.00	1.80	4.20	3.33
砂质泥岩	555	150	1.5	25	150	93.75	9.38	9.38	12.50
细砂岩	437	80	1.5	45	270	48.00	3.60	8.40	6.67
泥岩	755	80	1.5	18	108	52.50	3.75	3.75	6.67
粉砂岩	537	100	1.5	35	210	62.50	3.75	8.75	8.33
泥岩	755	50	1.5	18	108	32.81	2.34	2.34	4.17
10 煤	773	35	1.5	10	60	22.97	2.30	0.98	2.92
细砂岩	437	60	1.5	45	270	36.00	2.70	6.30	5.00

3.1.1.2　模型铺设及开挖方案

模型制作过程见图 3-2。首先采用电子秤将各岩层所需的各种材料称好，然后将材料放置在地板上并均匀混合，加入所需的水，充分搅拌均匀，再把材料均匀铺设在模型架中，用平锤将松散状的材料压实，自下而上层层铺设，并在模型内设置 3 个压力盒，最终完成整个模型的铺设工作。

模型制作完一周后拆除模板，将模型表面刷白后晾干并打上网格线，网格尺寸为 50 mm×50 mm。在弯曲下沉带、裂缝带和垮落带的预想位置布置 3 组共 16 条巷道，研究上行开采过程中不同位置巷道的围岩破坏及稳定规律。模型左边编号为 1、2、5、6、7、11、12 和 13 的巷道均采用 30 mm 长的锚杆支护，间、排距为 20 mm×30 mm；其余 8 条巷道开挖后不支护。

现场实测表明，在桃园煤矿 1001 工作面实际回采过程中，采动影响范围达 60 m，为避免物理模型的工作面回采影响模型的边界，考虑实际工程尺寸与模型几何相似比，确定物理模型开挖始于距模型左边界 650 mm 处，距模型右边界 650 mm 处终止，而模型长度为 2 500 mm，因此，物理模型模拟的实际工作面推进距离为 120 m。物理模拟模型如图 3-3 所示。

工作面采用走向长壁采煤方法，全部垮落法管理顶板，每次开挖 50 mm，相当于实际工

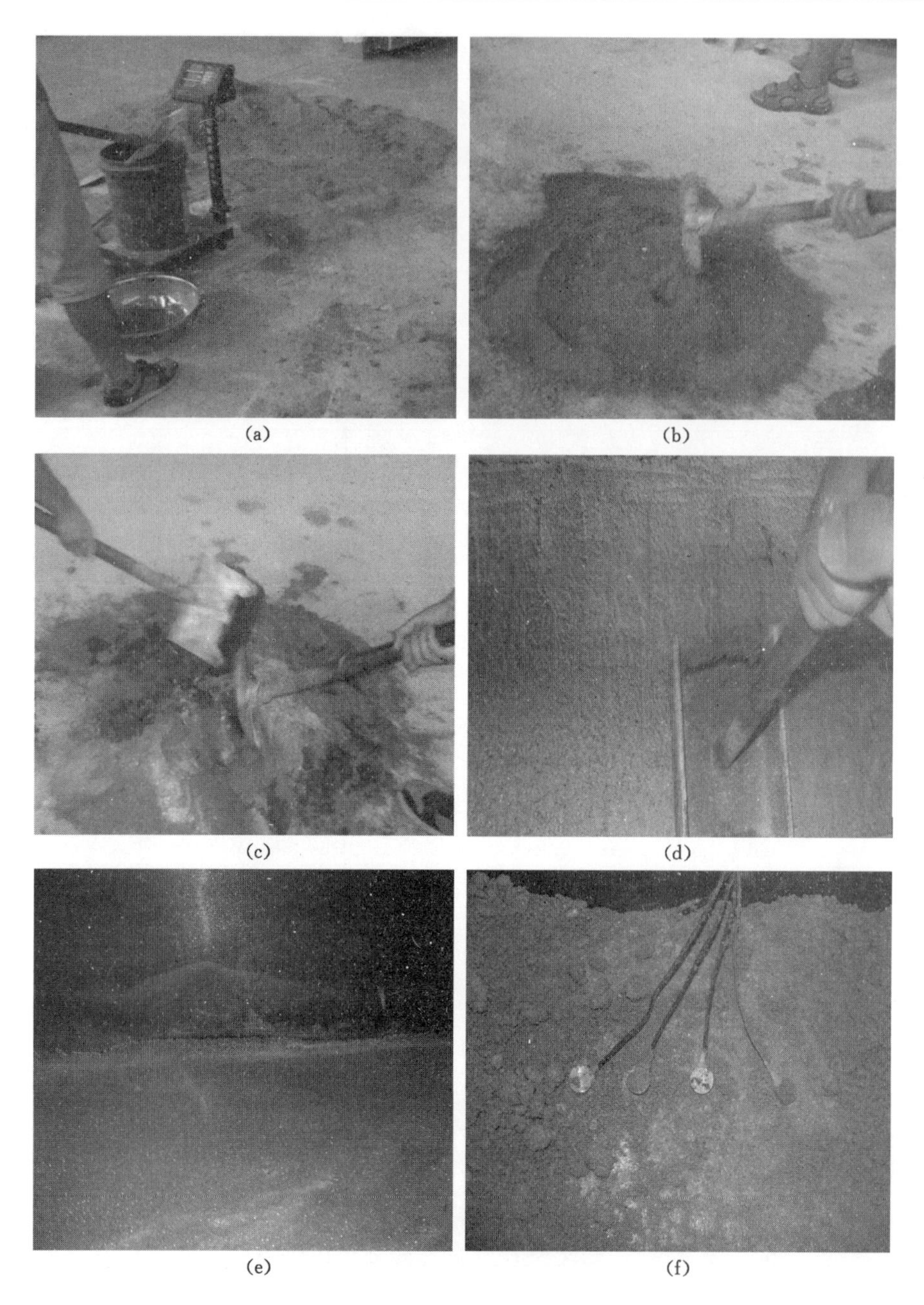

(a) (b) (c) (d) (e) (f)

图 3-2　物理模型制作过程

程回采 5 m，每次开挖间隔以开挖影响趋于稳定为准，一般为 15～30 min[143]，为了最大限度降低工作面回采对上覆岩层活动的影响，本物理模型的开挖间隔时间取 60 min。位移测点和应力测点布置见图 3-4，其中位移测点共 16 个，从下到上分别设置在煤层顶板 15 m、46 m 和 76 m 处，对应的个数依次为 4 个、6 个和 6 个；而应力测点设置在煤层顶板 26 m 处。

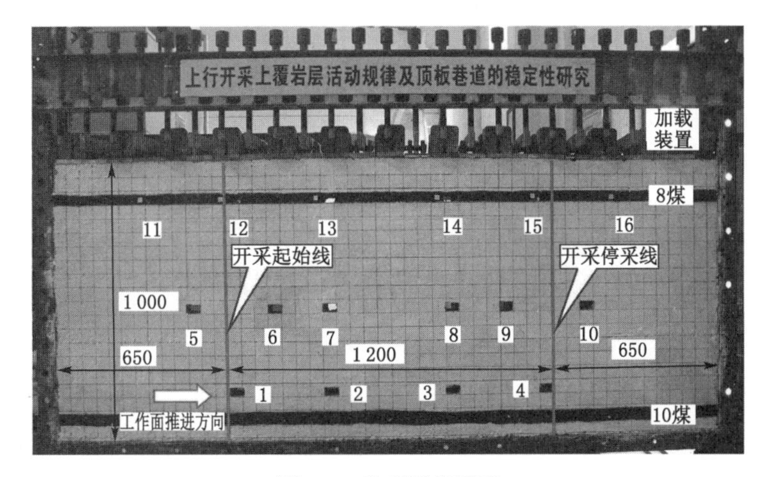

图 3-3 物理模拟模型

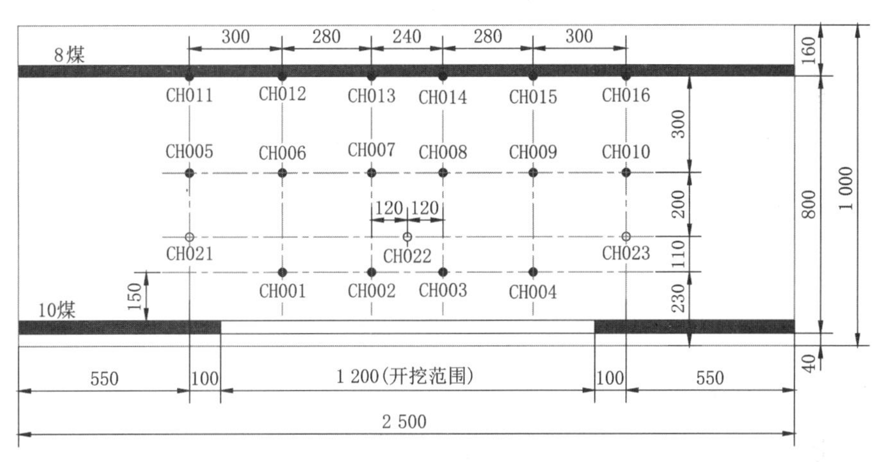

●—位移测点；○—应力测点。

图 3-4 物理模拟测点布置

3.1.2 上覆岩层破断垮落及位移特征

3.1.2.1 上覆岩层破断垮落特征

图 3-5 为工作面从开切眼位置开始到直接顶第一分层初次垮落时顶板的垮落过程。采煤工作面从开切眼开始向前推进，在 0～32 m 推进过程中，随着直接顶悬顶面积的增大，直接顶出现 2～3 条横向裂隙，但裂隙张开度较小，并不明显。随着工作面继续向前推进，原岩应力逐步向工作面前后两侧煤壁转移，直接顶悬顶跨度不断增加。工作面推进 35 m 后，顶板横向裂隙进入快速发育期，裂隙条数和张开度明显加大，随着横向裂隙的发展，直接顶与基本顶产生离层，呈现微弱弯曲，伴有微纵向裂隙产生；工作面推进 37.5 m 时，直接顶局部垮落，导致直接顶第一分层在工作面推进 40 m 时产生较大面积垮落即初次垮落，垮落高度为 6 m，块体较小，呈松散状，纵向裂隙和横向裂隙发育，贯穿整个岩层。由于直接顶与基本顶模型材料碎胀系数较小，垮落的岩层仍呈层状特征，垮落岩石尚未充满采空区。

由于基本顶的强度较大，直接顶发生初次垮落后，基本顶仍处于悬露状态，相对上覆岩层，基本顶的变形大，与上覆岩层发生离层，破断前形成较大的悬空，以“板”的形式支撑上覆

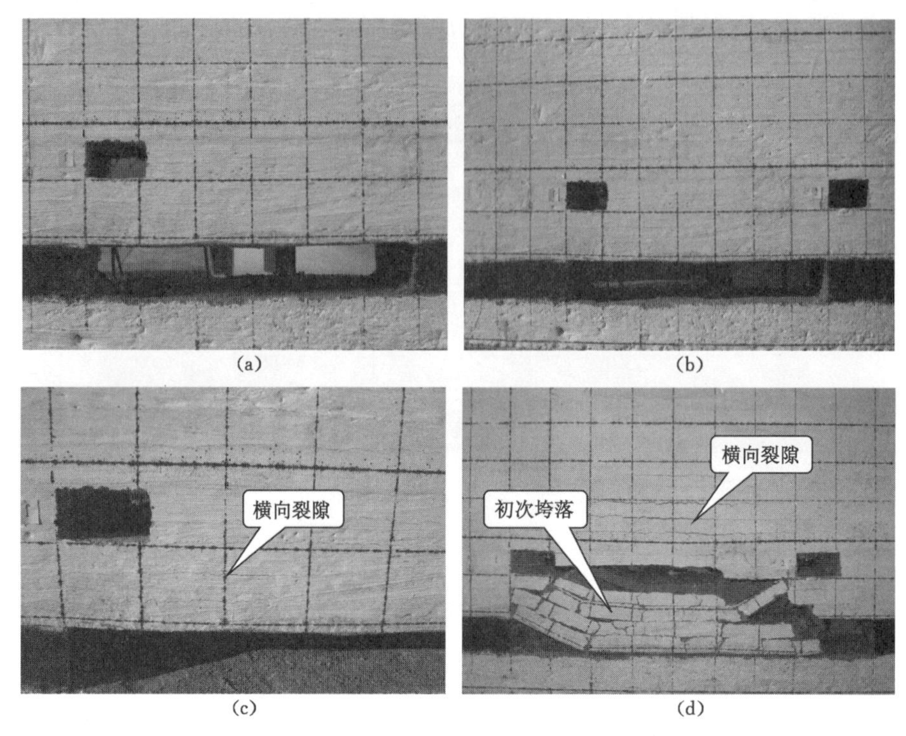

(a) 工作面推进 30 m;(b) 工作面推进 35 m;(c) 工作面推进 35 m(局部放大);(d) 工作面推进 40 m。

图 3-5　直接顶初次垮落过程示意

岩层的重力。工作面推进 55 m 时,基本顶悬露达到其极限跨距,基本顶(砂岩)发生初次破断垮落,垮落下来的基本顶块度长约 15 m;推进 75 m 时工作面发生第一次周期来压,此后每推进约 20 m 发生一次周期来压,从而引起上覆岩层较大的变形和破坏(图 3-6)。

在基本顶发生旋转、下沉的过程中,岩性较好的岩层断裂后块度大,破碎程度较低,有一定的完整性。因此,在岩性较好的岩层中布置巷道,可以降低巷道的变形破坏程度,从而有利于巷道的维护。

为了验证物理模拟分析的准确性,现场实测了工作面推进过程中工作面液压支架的工作阻力,并记录了工作面矿压显现情况,如图 3-7 所示。

当工作面推进大约 40 m 时,工作面直接顶开始垮落;当工作面上部推进 54.2 m 时,工作面液压支架工作阻力出现峰值,液压支架活柱下缩量增大比较明显,液压支架的安全阀开启,煤壁片帮严重,采空区有顶板垮落的轰隆声,此为工作面初次来压,初次来压步距为 54.2 m;当工作面推进 74.0 m 时,液压支架工作阻力再次出现峰值,伴随顶板断裂声响和垮落现象,此为工作面第一次周期来压,第一次周期来压步距为 19.8 m;当工作面分别推进 93.2 m 和 113.2 m 时,工作面迎来第二次和第三次周期来压,周期来压步距分别为19.2 m和 20.0 m。现场实测结果与物理模拟结果基本一致,说明物理模拟准确可靠,能够真实反映实际工程情况。

3.1.2.2　上覆岩层位移特征

在煤层开采模拟过程中,采用位移计对上覆岩层活动进行监测,分别在煤层顶板 15 m、46 m 和 76 m 高度处设置测点(图 3-4)进行观测,不同层位顶板下沉量曲线如图 3-8 所示。

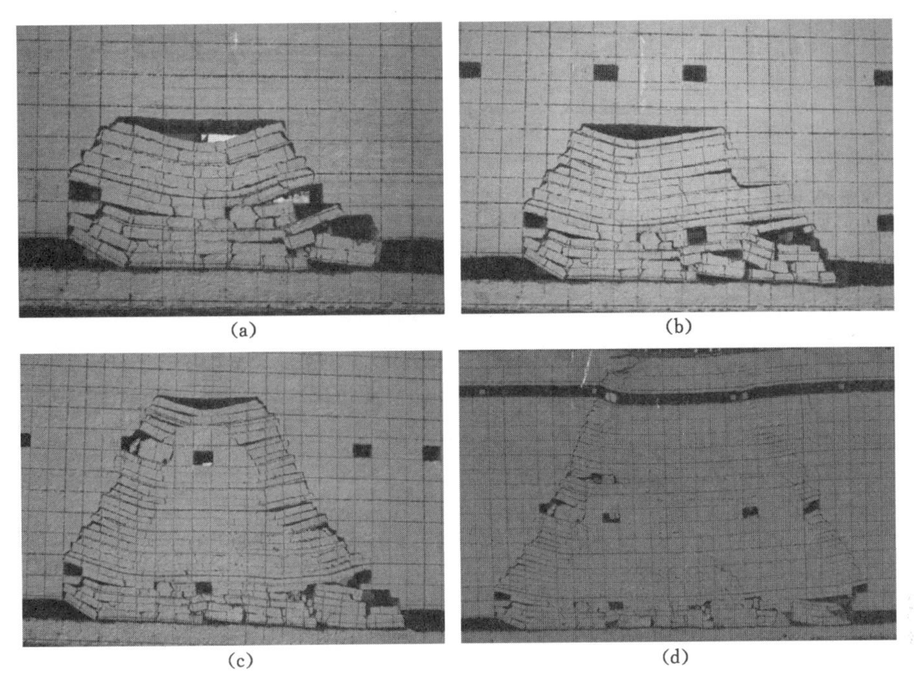

(a) 初次来压(工作面推进 55 m);(b) 第一次周期来压(工作面推进 75 m);
(c) 第二次周期来压(工作面推进 95 m);(d) 第三次周期来压(工作面推进 115 m)。

图 3-6 采动覆岩破断垮落过程示意

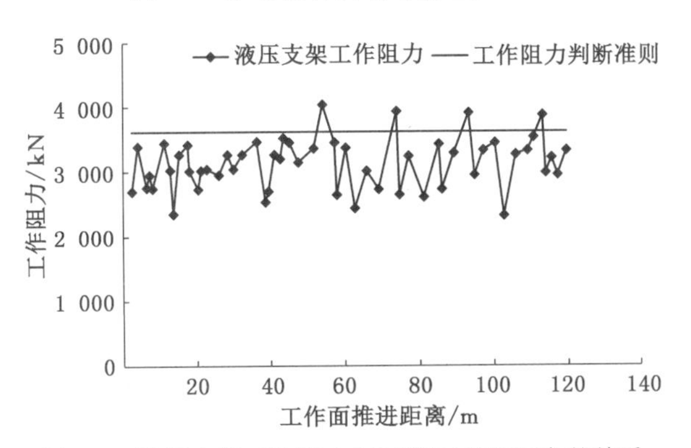

图 3-7 液压支架工作阻力与工作面推进距离的关系

结合图 3-8,煤层顶板各位置布置的测点变形基本可分为三个阶段,即缓慢增长阶段、跳跃式增长阶段和稳定阶段。以图 3-8(a)所示煤层顶板 15 m 高度处岩层变形特点为例,分析可知:

(1) 缓慢增长阶段。自工作面开始回采至推进 30 m,各岩层测点未见变化迹象,基本处于稳定状态,但直接顶已开始出现少量的宏观裂隙(裂隙张开度较小,并不明显);CH001 测点稍有活动的迹象。随着工作面继续推进,原岩应力逐步向工作面前后两侧煤壁转移,直接顶悬顶跨度不断增加,推进 35 m 后,顶板横向裂隙进入快速发育期,这时顶板 15 m 层位的 CH001 测点随着煤层的回采而运动,但下沉量增速较小。当工作面推进 50 m 时,顶板岩层下沉量仍然相对较小,仅为 3 mm。

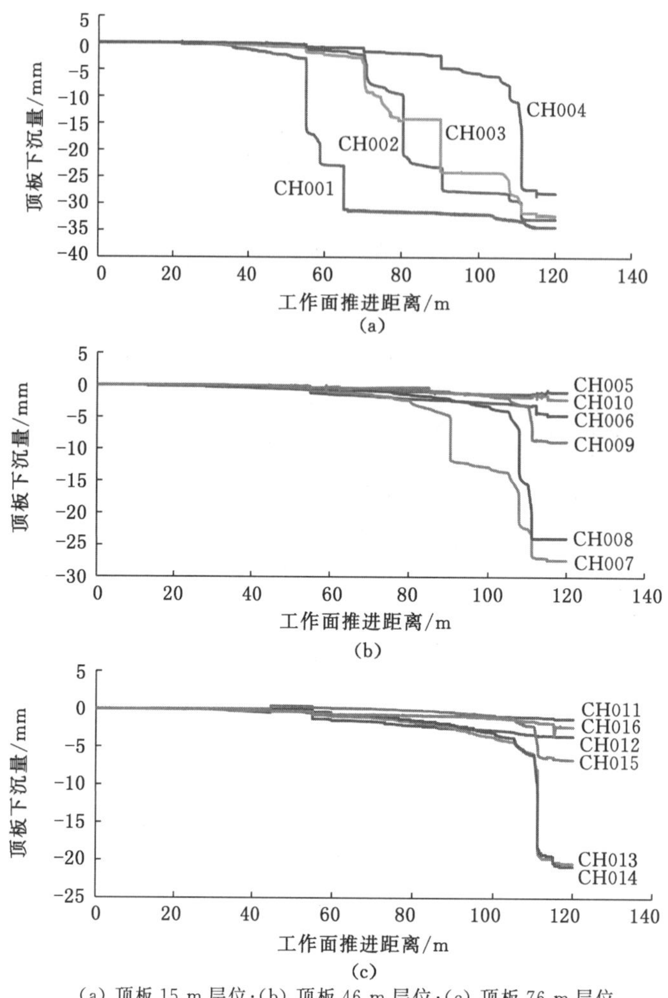

(a) 顶板 15 m 层位;(b) 顶板 46 m 层位;(c) 顶板 76 m 层位。

图 3-8 不同层位顶板下沉量与工作面推进距离的关系

(2) 跳跃式增长阶段。随着工作面继续推进,上覆岩层发生垮落,CH001 测点下沉量在工作面推进 55 m 时呈跳跃式增长,从而导致基本顶初次来压,随后采动应力进入短暂的调整期,离层破裂范围不断向上发展,此时 CH001 测点下沉量将稳定一段时间;工作面继续推进,CH001 测点下沉量又跳跃式增长,顶板下沉速度及下沉量急剧增加,最大下沉量达 32 mm,从而导致工作面在推进 75 m 时发生周期来压,顶板垮落高度、垮落范围不断增加,岩层运动渐次向上发展。由于周期来压步距为 20 m,而工作面后方 50～60 m 处开始进入稳压区,因此上覆岩层各点会经历 2～3 次周期来压,也就是会出现 2～3 次跳跃式增长阶段,此后便进入稳定阶段。

(3) 稳定阶段。随着工作面推进和采空区垮落岩体进一步压实,采空区上覆岩层受到已垮落矸石的支撑,并进入稳压区,此时 CH001 测点下沉值达到最大,测得其下沉值为 34 mm。

CH002、CH003、CH004 测点下沉量呈现规律与 CH001 测点相似,但缓慢增长阶段和跳跃式增长阶段较长,稳定阶段相对缩短,同时由于采空区压实程度的差异,各测点的最终下沉量随着至开切眼距离的增大而逐渐减小，分别为 33 mm、32 mm 和 28 mm。

由于岩石垮落压实后具有残余碎胀性，随着岩层层位的升高，远离采空区的上覆岩层下方的自由空间逐渐变小。CH001、CH002、CH003 和 CH004 正上方的测点，均随着层位的升高，顶板下沉量逐渐减小，部分测点的变形仍呈现缓慢增长阶段、跳跃式增长阶段和稳定阶段的特征，其余测点仅表现缓慢增长的特征，如测点 CH010。但是位于采空区前后方煤柱内的测点 CH005、CH010 分别较位于其正上方的 CH011、CH016 的下沉量小，主要原因为位于支承压力分布范围内的煤体和岩层因应力增大而产生一定的垂直压实变形，这种变形主要为塑性变形，脆性岩层发生剪切破坏。瓦斯高抽巷等卸压开采功能性巷道就布置在此区域内，巷道自身在承受支承压力产生破坏的同时，为塑性围岩提供了释放能量的空间。因此，该时空阶段内的巷道变形严重，维护困难。

3.1.3　支承压力变化规律

煤层开采后，由“煤壁-已垮落矸石”支撑体系来承载，只有下位岩层才由“煤壁-工作面支架-已垮落的矸石”支撑体系承载，又鉴于上覆岩层的结构大部分是半拱形结构，煤壁一端几乎支撑着采煤工作面空间上覆岩层的大部分重力，而采空区后方已垮落的矸石只承受压实区的重力，这就导致采场一定范围内的围岩应力发生变化，破坏了原始应力平衡状态，使围岩应力重新分布，并向采空区两侧转移。随着上覆岩层移动、破坏、垮落，上覆岩层重力由前后方及两侧煤柱、采空区垮落矸石支撑，形成支承压力，在采煤工作面前后一定范围内形成应力降低区、应力升高区和应力稳定区。支承压力(由应力集中系数表征)随工作面推进的变化情况如图 3-9 所示。

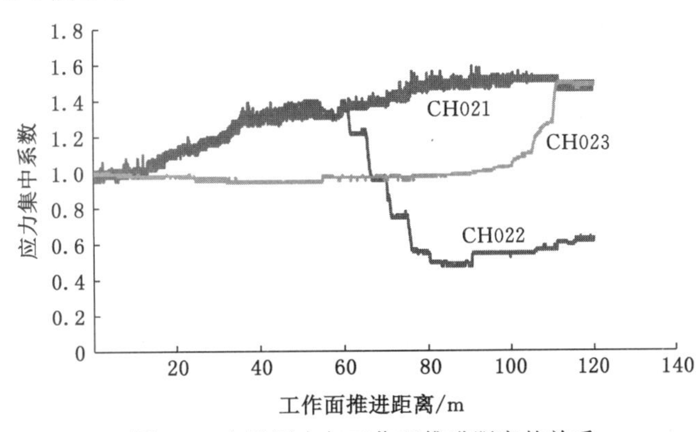

图 3-9　支承压力与工作面推进距离的关系

通过分析图 3-9，得到如下规律：

(1) 测点 CH021 和 CH023 分别位于采空区前后方煤柱内，随着工作面的推进，位于工作面后方的支承压力逐渐升高，当工作面推进 110 m 时，支承压力达到峰值，应力集中系数为 1.55。第三次周期来压后，上覆岩层整体垮落，采空区进一步压实，部分上覆岩层的重力由采空区垮落矸石支撑，测点 CH021 支承压力微变，但仍然维持在应力集中系数为 1.5 的应力水平。与此同时，停采线前方 10 m 处 CH023 测点的支承压力达到峰值，应力集中系数也达到 1.5，与测点 CH021 的支承应力对称分布于工作面的前后方。

(2) 测点 CH022 距离开切眼 60 m，当工作面推进 15 m 时，测点 CH022 支承压力逐渐升高，此时开始进入应力升高区；当工作面推进 50 m 时，支承压力达到峰值，应力集中系数达 1.38；在工作面推进 50～60 m 过程中，支承压力开始降低；当工作面推进 60～80 m 时，支承压力急剧降低，工作面后方 20 m 处的应力水平最低，此区段属于应力降低区；当工作面推进 80～120 m 时，采空区逐渐压实，支承压力逐渐升高并趋于稳定，约在工作面推进 92 m时进入应力稳定区，但仍然低于原岩应力，应力水平仅为采动前的 50%左右。

3.1.4 上覆岩层离层破裂演化规律

煤层开采破坏了上覆煤岩层的原始应力平衡状态，引起煤岩体应力重新分布；当重新分布后的应力超过煤岩强度时，采场围岩就会产生大量采动裂隙，进而产生不同程度的变形与破坏；随着工作面的推进，形成不同的裂隙分布特征，如图 3-10 所示。

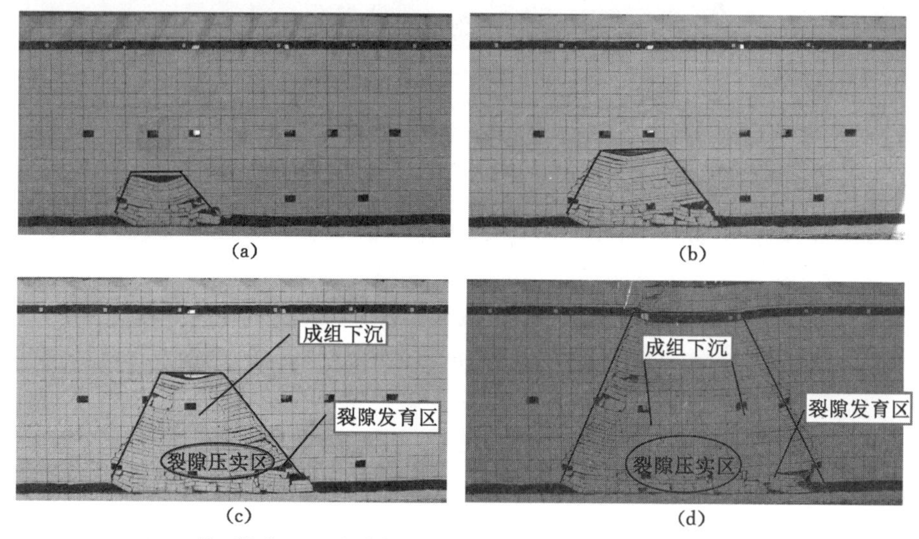

(a) 工作面推进 55 m(初次来压)；(b) 工作面推进 75 m(第一次周期来压)；
(c) 工作面推进 95 m(第二次周期来压)；(d) 工作面推进 115 m。

图 3-10 覆岩离层破裂演化及"三带"形成过程

上覆岩层中形成的裂隙有两类：一类是离层裂隙，它是随岩层下沉在层与层之间出现的沿层面裂隙，它使煤层产生膨胀变形而使瓦斯卸压，并使卸压瓦斯沿其涌出；另一类是竖向破断裂隙，它是随岩层下沉破断形成的穿层裂隙，是沟通上、下层间瓦斯的通道[145]。因此，离层是裂隙的一种，其发展不是连续的。覆岩离层高度与工作面推进距离的关系见表 3-2 和图 3-11。

表 3-2 覆岩离层高度与工作面推进距离的关系

单位：m

工作面推进距离	覆岩离层高度	工作面推进距离	覆岩离层高度	工作面推进距离	覆岩离层高度	工作面推进距离	覆岩离层高度
20	4.5	50	21	75	35	100	59
30	6.5	55	23	80	49	105	61.5
35	14	60	23	85	45	110	67
40	20	65	33.5	90	52	115	75
45	20	70	33.5	95	57	120	76

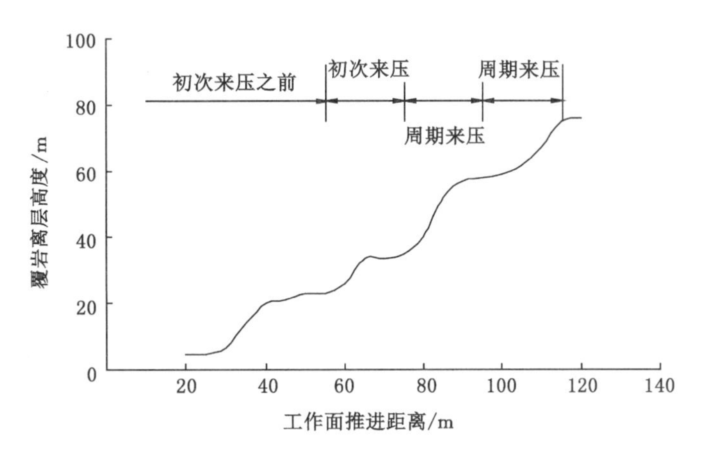

图 3-11 覆岩离层高度与工作面推进距离的关系

总结覆岩离层破裂的演化过程，得到如下规律：

(1) 在工作面推进过程中，覆岩呈梯形破坏演化特征，向前和向上渐进式演进，而工作面后方的裂隙不断地经历不发育、发育、闭合压实阶段，后方 60 m 处的裂隙基本压实。裂隙发育丰富区处于采空区后方 30～50 m 处，采空区上部岩层在剪应力作用下，向采空侧旋转下沉，出现明显的斜交裂隙，呈倒台阶状，且按顶板断裂步距周期性出现，向采空区后上方呈 45°～50°发育。随着工作面不断推进，离层裂隙、斜交裂隙在工作面后方 50 m 以后闭合，张拉裂缝经历张开至闭合的动态过程。

(2) 覆岩离层破裂的层位是动态变化的，随着工作面推进距离的增加，离层层位不断向上发展，离层裂缝范围增大，岩体破裂范围以同一波形线向外扩展。

(3) 同一时间内覆岩有多个层位发生离层，岩层呈现成组下沉破坏的特性，从而使岩层内部移动下沉具有突发性；下部岩层破坏垮落，带动其上部岩层的破裂。这种成组破坏特征使巷道整体下沉，但围岩裂隙小，通过技术手段可以维护巷道，如图 3-10(c)所示。

(4) 离层发育高度随工作面推进距离的增大呈间断跳跃式增加特征，如图 3-11 所示。该特征包括初次来压之前阶段、初次来压影响阶段、第一次周期来压影响阶段和第二次周期来压影响阶段四个阶段。各阶段的离层发育高度均呈 S 形增长趋势(先加速增长，后缓慢增长)，且这种增长趋势与工作面来压同步；但是各阶段裂隙发育高度的增幅呈现先增大后减小的变化规律，由 12 m 增大到 22 m，然后降低至 19 m；离层裂隙波及模型加载基岩，工作面近于充分采动，发生第三次周期来压，上覆岩层整体下沉。

该工作面采高为 3.5 m。随着工作面的推进，岩层运动不断向上发展，影响范围在增大，“三带”基本形成；推进 120 m 时，顶板明显呈“三带”分布特征，自下而上分别为垮落带、裂缝带、弯曲下沉带，见图 3-12。

“三带”高度分别如下：采空区上方 0～12 m 范围垮落断裂块体长度小，体积大小不一，裂隙纵横交错且极其发育，呈松散破碎状，为垮落带；采空区上方 12～62 m 范围块体的长度明显增大，为 10～15 m，横向裂隙较发育，竖向裂隙明显减少，为裂缝带；其上为弯曲下沉带，在弯曲下沉带中存在最大弯曲区，该区岩层向下弯曲程度最大，在岩层内产生沿层面方向的拉伸和压缩变形，由于岩石的抗压强度大于抗拉强度，岩层层面将出现较多的拉伸裂

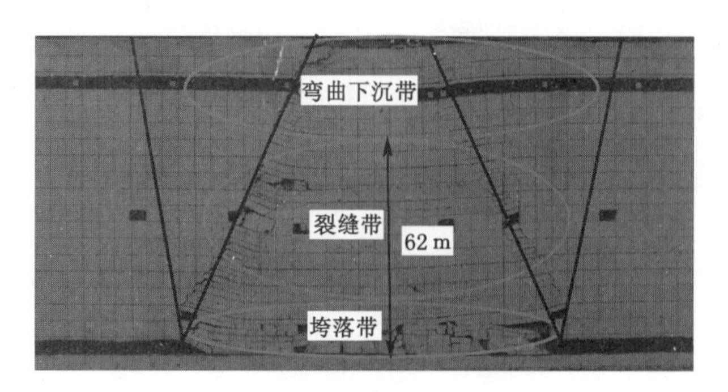

图 3-12 “三带”分布(工作面推进 120 m)

隙,这甚至会使整层岩层断裂。上覆岩层垮落角约为 71°。

物理模拟得到的裂缝带发育高度为 62 m,数值计算判断的裂缝带发育高度为 48.5～64.5 m,进一步验证了物理模拟结果是合理的。

3.1.5 覆岩采动裂隙分形特征分析

分形维数能够反映裂隙在二维空间的占位,表征采动覆岩裂隙网发育程度[145]。本书运用覆盖法,即分形几何理论,采用尺度为 R 的方形网覆盖所研究的某个区域岩体裂隙分布图,统计该尺度网格中长度大于或等于相应网格尺度的裂隙条数,记为 $N(R)$,改变 R 值的大小,即可得到数组 R 和对应的 $N(R)$ 值,由此可以求出 $\lg R$ 和 $\lg(1/R)$ 的对应关系[146]。而分形维数 D 为:

$$D = -\lim_{R \to 0} \frac{\lg N(R)}{\lg R} = \lim_{R \to 0} \frac{\lg N(R)}{\lg \dfrac{1}{R}} \tag{3-2}$$

运用最小二乘法进行最佳线性拟合得双对数图,它们的关系在双对数坐标系中基本呈线性关系,其斜率负值就是分形维数 D 的值。为了得到更为精确的 D 值,选用 R 值分别为 2,2.5,5,7.5,10,12.5,15,20(单位都是 cm)的八组数据[147-148];讨论表征采动岩体裂隙发育程度的分形维数与工作面推进距离、“三带”的关系,以指导生产实践。

3.1.5.1 分形维数与工作面推进距离的关系

随着工作面的开采,顶板底部岩层发生垮落、移动、断裂以及出现裂隙的产生和闭合,受采动影响的顶板上部岩层也将不同程度地发育横向裂隙及竖向裂隙,从而不断产生新的岩体结构。工作面每次开挖 5 m,推进 120 m 需开挖 24 次,为此共选择不同推进距离的 24 幅裂隙图,分别进行分形维数计算;同时结合 Matlab 7.0 软件,运用最小二乘法进行线性拟合,得到图 3-13,其回归公式为:

$$D = 1.821\,1 - \frac{4.268\,5}{(-3.201 + L/3.322)^{1.003\,9}} \tag{3-3}$$

分析图 3-13 可知,分形维数随工作面推进的变化可以分为三个阶段:

(1) 第一阶段,在推进距离不大时,即 40 m 前,分形维数 D 随工作面的推进迅速增大,反映出横向和竖向裂隙网络快速发育的现象,此阶段为快速升维阶段,即裂隙迅速发育阶段。

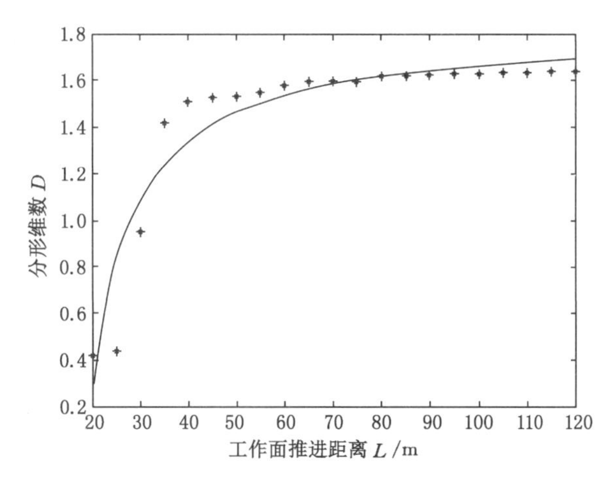

图 3-13　分形维数 D 与工作面推进距离 L 的关系

(2) 第二阶段，当推进距离 L 在 40～80 m 范围内时，随工作面的推进，分形维数 D 缓慢增大，反映出工作面前方和上方以及采空区顶板上部岩体裂隙发育迅速，但同时存在采空区顶板下部岩体裂隙闭合的现象，故此时分形维数增速较第一阶段小，此阶段为缓慢升维阶段，即裂隙发育速度略大于裂隙闭合速度阶段。

(3) 第三阶段，在推进距离 L 超过 80 m 以后，随工作面推进，分形维数 D 变化速度甚微，D 值基本趋于稳定，从而反映出工作面前方和上方以及采空区顶板上部岩体裂隙发育速度与采空区顶板下部岩体的裂隙闭合速度相当，D 值基本不变化。称此阶段为分形维数稳定阶段，即裂隙发育速度与裂隙闭合速度相当阶段。

总之，随工作面的推进，顶板裂隙网络不断演化，其范围逐步增大，裂隙网络形态在总体趋势上变得更不规则、更加复杂；当推进距离达到一定值时，会出现裂隙闭合现象；当推进距离较大时，裂隙的发育与闭合速度大致相等。分形维数 D 表现为先快速增大，后增速变缓，直至趋于稳定。

3.1.5.2　分形维数与“三带”的关系

为进一步研究裂隙网络在“三带”内的分布规律，以距开切眼 25～45 m 的一段岩体为例来研究采空区“三带”分形维数 D 随工作面推进距离的变化规律，计算结果见图 3-14。

分析图 3-14，得到如下规律：

(1) 随工作面的推进，垮落带、裂缝带和弯曲下沉带的分形维数 D 都经历了先迅速增大，然后缓慢减小，最终趋于稳定的变化过程，但三者是非同步变化的，弯曲下沉带分形裂隙网络的变化趋势明显滞后垮落带和裂缝带，而裂缝带的变化趋势稍微滞后垮落带。

(2)“三带”的裂隙分布和空间占位程度是不同的。推进距离相同时，垮落带的分形维数大于裂缝带的分形维数，裂缝带的分形维数大于弯曲下沉带的分形维数，这说明三者占位程度按弯曲下沉带、裂缝带和垮落带的顺序依次增加。

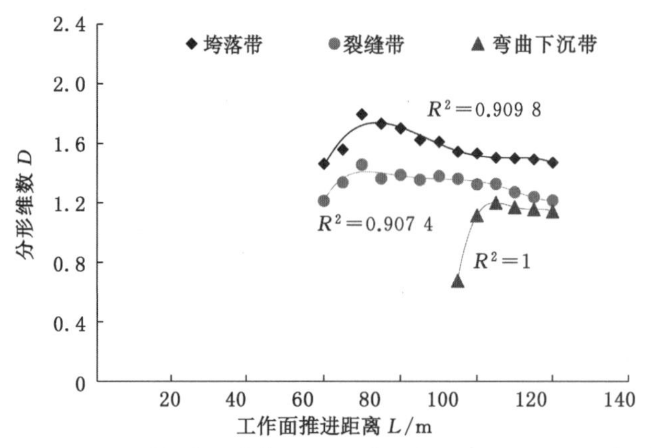

图 3-14 “三带”分形维数 D 与工作面推进距离 L 的关系曲线

3.2 上行开采覆岩裂隙时空演化实测研究

为了研究上行开采过程中顶板不同区域岩体的裂隙演化及破坏特征，选择桃园煤矿零采区为典型试验点，研究 10 煤开采对 8 煤稳定性的影响，煤层间距平均为 76 m。钻场设在 1001 工作面预计停采线外水平距离为 40 m 的车场绕道中。1001 工作面长度为 110 m，煤厚平均为 3.27 m，平均月推进 125 m，后期推进速度为 4 m/d，受附近一平行于工作面的断层影响，1001 工作面于 2008 年 5 月 30 日早班停采。

3.2.1 观测仪器与测站布置

选用 YTJ20 型岩层探测记录仪探测巷道围岩松动圈范围及其变化情况、围岩在受力过程中位移变化量、煤层及其顶板岩层的岩性和厚度、巷道及采煤工作面顶板离层破裂和破坏情况以及断层和裂隙等地质构造。YTJ20 型岩层探测记录仪的具体结构如图 3-15 所示。

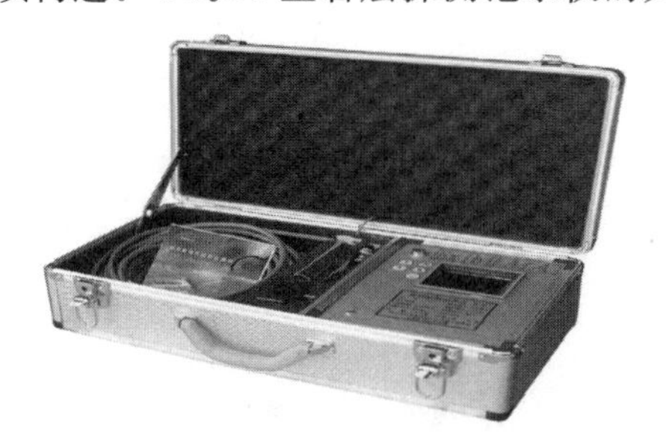

图 3-15 YTJ20 型岩层探测记录仪

在钻场布置两个长距离钻孔(1# 和 2# 钻孔)，为了保证钻孔穿透 8 煤，钻孔长度分别设为 143 m 和 151 m，采用直径为 94 mm 的地质钻施工；要求保持钻孔角度，使钻孔直度符合要求，不出现台阶，避免出现蛇形孔；钻孔岩屑和岩石碎块需用水冲洗干净，以免岩屑堵塞探头影响观测。

为配合该研究，5 月 28 日钻场开掘准备妥当，6 月 3 日钻机安装到位，6 月 5 日三班循环开钻，6 月 8 日两个深孔窥视仪钻孔均施工完毕。如图 3-16 所示，1# 和 2# 钻孔倾角分别为 45°和 40°，并及时对钻孔进行了 5 d(6 月 9 日至 6 月 13 日)的连续窥视，跟踪记录钻孔内岩层裂隙发育及离层情况。钻孔窥视深度分别为 96 m 和 100 m。

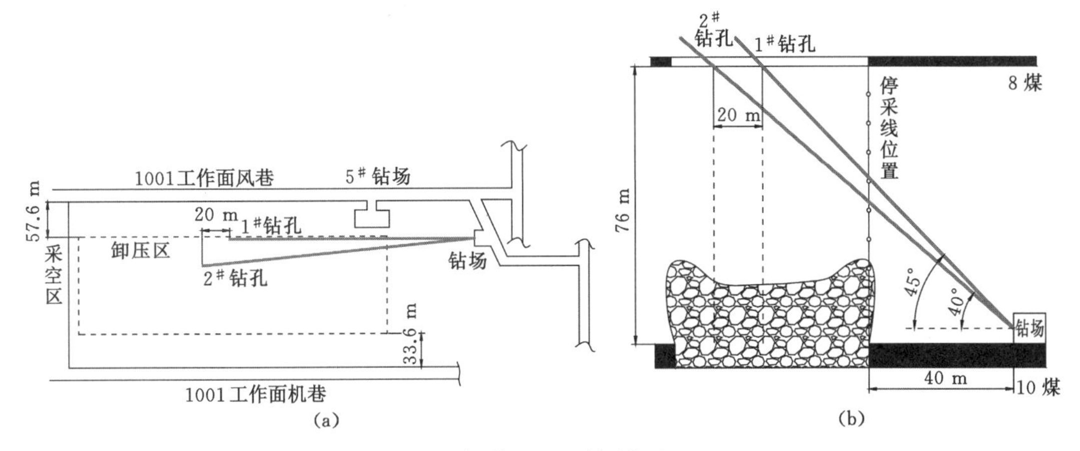

(a) 平面位置；(b) 剖面位置。

图 3-16 钻孔布置示意

3.2.2 上覆岩层裂隙分布特征

沿钻孔轴向钻孔壁裂隙分布以 1# 钻孔为例进行说明。

孔口附近至 2.8 m 围岩的裂隙倾角各异，钻孔内围岩裂隙发育比较密集，裂隙间隔小，巷道围岩形成网状间隔破裂；2.8～3.9 m 围岩的裂隙长度和间距有所增大，裂隙层间有较完整岩体，有少量的轴向裂隙，破裂岩体与较完整的岩体交替出现；随着钻孔的深入，裂隙层间间距加大，层间较完整岩体的厚度也相应增加；孔深 5.0 m 处的岩层完整性很好，横向裂隙越来越少，部分纵向裂隙较为发育；而在孔深 6.0 m 处有一较明显的斜向大裂隙，裂隙宽度达 9 mm(图 3-17)，形成环带状间隔破裂区，巷道围岩浅部和深部存在分区破裂现象。该浅部范围(0～6 m)为巷道松动圈，围岩破裂由巷道掘进稳定后的应力与支承压力叠加所致。

根据 6～96 m 范围不同钻孔深度裂隙发育及分布可发现，裂隙由近向远沿钻孔轴向均具有分区特征。

(1) 裂隙孕育区：钻孔 6～20 m 深度范围的裂隙发育较少，以横向及斜向裂隙为主，沿钻孔方向呈逐渐增加的趋势。围岩应力平缓升高，仍处于弹性状态，如图 3-18 所示。

(2) 裂隙闭合区：钻孔 20～48 m 深度范围的裂隙十分发育，纵向、横向和斜向裂隙密集交错，表现为裂隙隙宽大、间距小、分布范围广，大裂隙与大裂隙彼此密集切割，出现细小、方向各异的裂隙；裂隙分布不仅仅局限于层间弱面附近，同一岩层中也有大量的裂隙分布，裂隙以剪切裂隙为主。该范围内的岩层处于超前集中应力区，岩体裂隙处于压实闭合状态，起到传递应力的作用，如图 3-19 所示。

(3) 卸压裂隙发育区：钻孔 48～86 m 深度范围的裂隙由闭合状态逐渐转入张拉状态，并产生新裂隙；裂隙隙宽大、间距大，相互贯通，这标志着钻孔已进入裂缝带中的离层区，如图 3-20 所示。

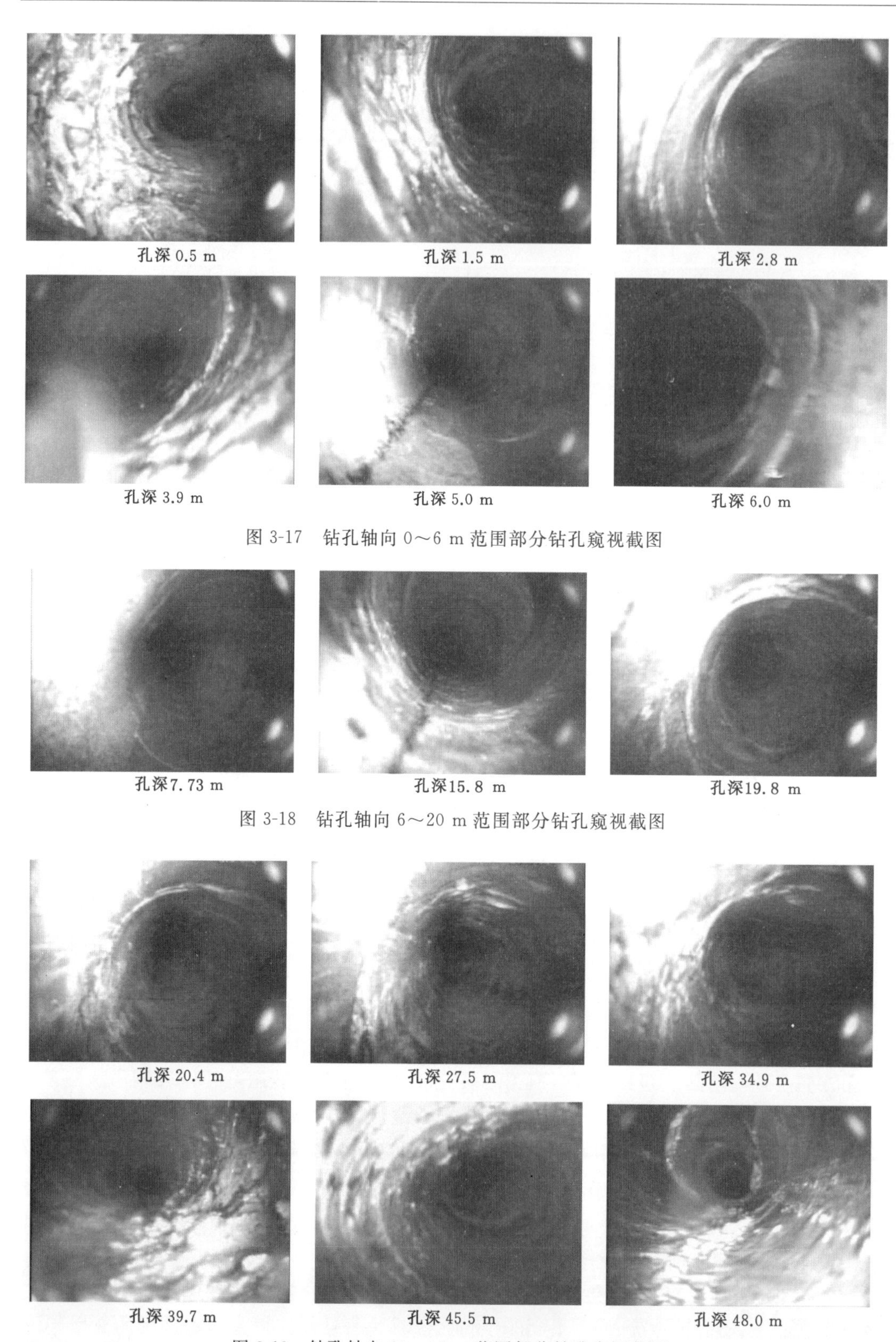

孔深 0.5 m　孔深 1.5 m　孔深 2.8 m

孔深 3.9 m　孔深 5.0 m　孔深 6.0 m

图 3-17　钻孔轴向 0～6 m 范围部分钻孔窥视截图

孔深7.73 m　孔深15.8 m　孔深19.8 m

图 3-18　钻孔轴向 6～20 m 范围部分钻孔窥视截图

孔深 20.4 m　孔深 27.5 m　孔深 34.9 m

孔深 39.7 m　孔深 45.5 m　孔深 48.0 m

图 3-19　钻孔轴向 20～48 m 范围部分钻孔窥视截图

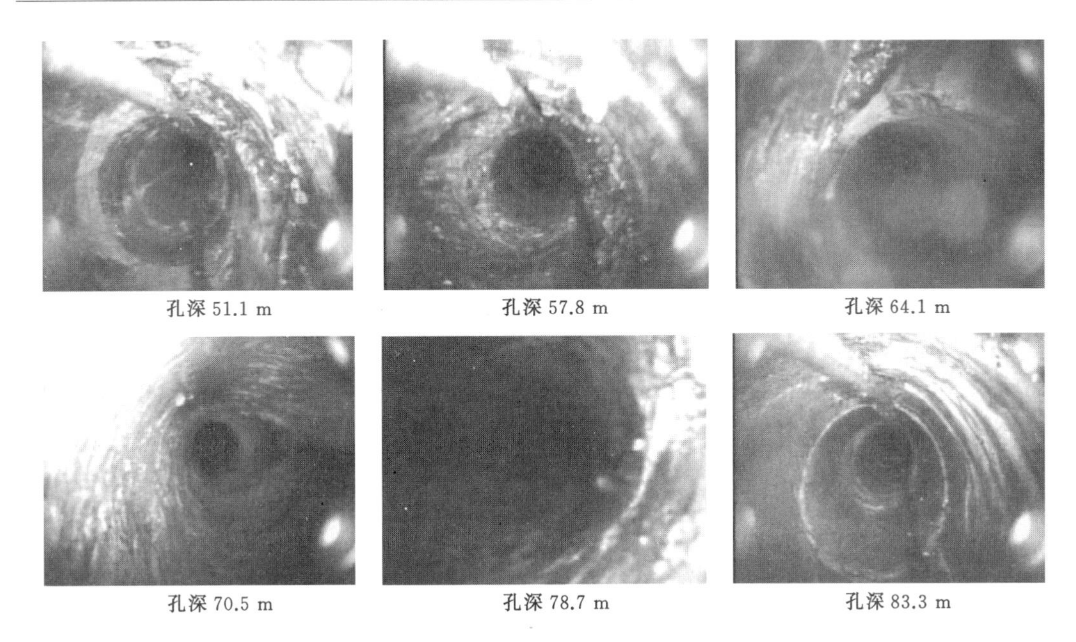

图 3-20 钻孔轴向 48～86 m 范围部分钻孔窥视截图

(4) 卸压裂隙渐逝区：当钻孔深度超过 86 m 以后，仅见少量的离层裂隙，部分岩层甚至未见裂隙；钻孔轴线弯曲显示岩层整体下沉，标志着该区域岩体进入弯曲下沉带，如图 3-21 所示。

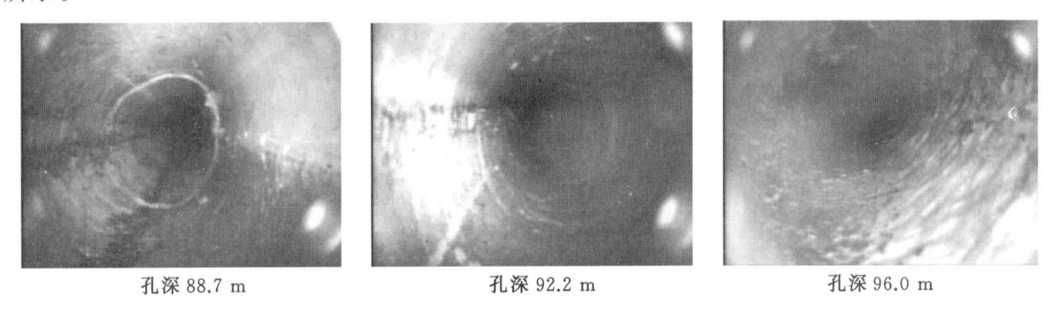

图 3-21 钻孔轴向超过 86 m 范围部分钻孔窥视截图

$1^{\#}$ 和 $2^{\#}$ 钻孔呈现的规律基本相同，但由于钻孔布置角度不同，两个钻孔沿轴向分区范围有一定差异。$2^{\#}$ 钻孔轴向裂隙孕育区、裂隙闭合区、卸压裂隙发育区、卸压裂隙渐逝区对应的范围分别为 6～20 m、20～44 m、44～93 m 和 93 m 以深。

3.2.3 上覆岩层裂隙时空演化规律

根据钻孔窥视，1001 工作面停采 13 d，垮落带、裂缝带和弯曲下沉带基本形成(图 3-22)。综合两个钻孔轴向卸压裂隙发育区和卸压裂隙渐逝区的范围，根据每个钻孔的倾角(45°和 40°)确定 1001 工作面裂缝带的发育高度约为 61 m。理论计算求得的裂缝带发育高度为 55.4～63.4 m，物理模拟得出的裂缝带发育高度为 62 m，钻孔窥视判断的裂缝带发育高度既与理论计算相吻合，又与物理模拟的结果相一致，三者相互印证，佐证了钻孔轴向裂隙分区和物理模拟的准确性。

卸压裂隙发育区上限与采煤工作面煤壁连线所成的角度与垮落角大致相同，下限与工作面煤壁连线所成的角度与岩层移动角相当，因此根据钻孔轴向卸压发育区范围可以判断上覆岩层的垮落角和移动角。

钻孔连续观测很难对比出同一位置裂隙的变化情况，但是结合 137 m 深孔位移监测和采动巷道围岩收敛观测等手段，长期跟踪窥视顶板覆岩裂隙发展及巷道稳定过程，通过对比分析可以反映裂隙仍然在变化，裂隙在空间上沿钻孔轴向分区分布，在时间上随上覆岩层运动动态发展，从而可揭示覆岩裂隙时空演化规律。

沿工作面倾向卸压开采上覆岩层裂隙分布及应力分布和“三带”的空间关系也类似。上行开采上覆岩层顶板巷道，如瓦斯抽采巷道和上部煤层的回采巷道，多布置于采空区边缘，该类巷道处于卸压裂隙发育区或应力增高裂隙闭合区，在掘进成巷后经历岩层运动和应力调整的全过程；围岩变形破坏严重，稳定周期长，支护十分困难，较一般采动巷道更难控制。因此，巷道布置应避开卸压裂隙发育区或应力增高裂隙闭合区。

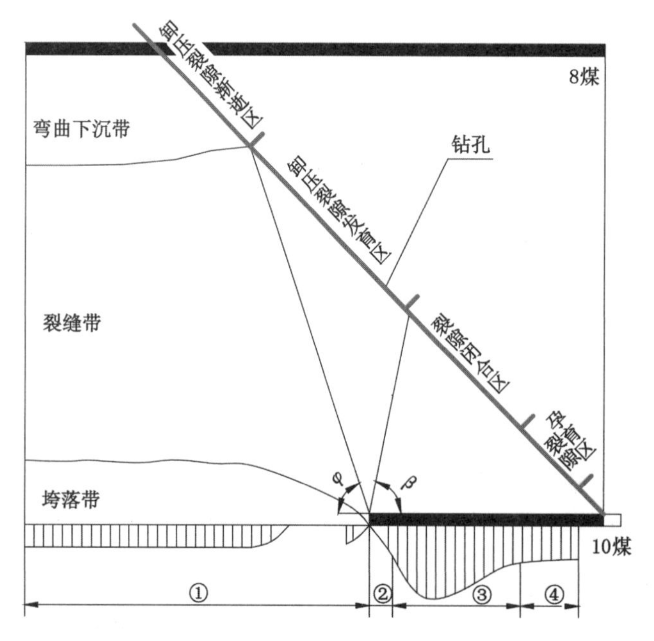

①—卸压区；②—应力过渡区；③—增压区(剧烈段)；④—增压区(缓和段)。

图 3-22　钻孔轴向裂隙分区

3.2.4　上覆岩层稳定时间及巷道开挖时机研究

3.2.4.1　*上覆岩层活动分析*

在桃园煤矿 1001 工作面于 5 月 30 日停采后，为了深入了解采空区上覆岩层的活动规律，7 月 6 日在 2# 钻孔(钻孔倾角 40°)中安设长度达 137 m 的深孔位移计。在实际钻孔施工过程中，2# 钻孔穿透 8 煤，137 m 长钻孔的垂直高度为 88 m，而 8 煤与 10 煤平均间距为 76 m，结合采场覆岩“三带”范围，确定深孔位移计的深基点位于 8 煤顶板中，且处于弯曲下沉带内。7 月 9 日开始观测，12 月 18 日观测结束，上覆岩层位移和位移速度变化曲线如图 3-23所示。

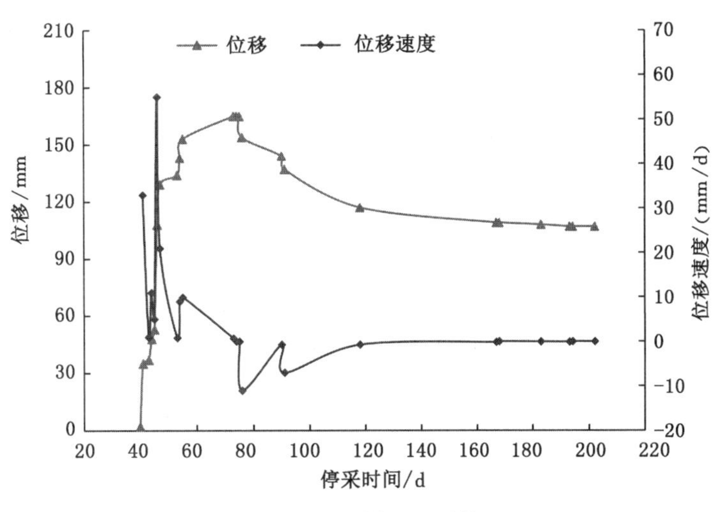

图 3-23 上覆岩层活动情况

由图 3-23 可以得出如下规律：

(1) 11 月 14 日深孔位移计位移监测值基本稳定，此时距工作面停采时间约 165 d，因此，确定 1001 工作面上覆岩层活动稳定时间为 165 d。

(2) 远距离深孔位移监测值表现出先增大后减小，然后趋于稳定的规律。这说明停采后一段时间采空区顶板一直在下沉，其根本原因：上覆岩层活动是自下而上渐进发展的；覆岩破坏范围增大，离层层位不断向上发展，从而导致在不同时期弯曲下沉带和裂缝带的下沉速度不一。起初裂缝带下沉速度大于弯曲下沉带的下沉速度，以裂缝带内的活动为主；随着采空区逐渐压实，裂缝带及时响应并减速下沉，当下沉速度小于弯曲下沉带下沉速度时，深孔位移监测值达到峰值 165 mm(停采 76 d)；之后以弯曲下沉带运动为主，两者相对位移又开始减小，下降至 107 mm；采空区不断压实，采后 165 d 上覆岩层趋于稳定。

(3) 1001 工作面停采 45 d 左右为采空区上覆岩层的剧烈运动期，以裂缝带内的岩层活动为主，最大位移速度达 55 mm/d；停采 75 d 位移速度为零，此后位移速度出现负值，裂缝带活动缓和，以弯曲下沉带内的岩层活动为主(持续约 75 d)；随着采空区进一步压实，停采 165 d 位移速度在 0～0.1 mm/d 波动，处于稳定阶段。

3.2.4.2 巷道常规矿压实测分析

在 1001 工作面于 5 月 30 日停采后，分别在钻场前方、后方和钻场内共设置了 10 个测站：巷道表面收敛测站(3 个)、锚杆受力测站(4 个，共 20 个测点)、多点位移测站(3 个，共 9 个测点)，测站布置示意如图 3-24 所示。6 月 9 日至 12 月 18 日持续开展全方位实测研究，分析采动影响下巷道的开挖时机。

(1) 巷道两帮位移规律

巷道表面收敛的测点布置示意如图 3-25 所示。

① 巷道两帮位移变化规律

巷道两帮位移用表面收敛仪测量，精度较高。通过 6 个多月的矿压观测，桃园煤矿 1001 工作面钻场附近 3 个测站的两帮移近量如图 3-26 所示，可得如下规律：

a. 工作面停采约 180 d(11 月 29 日)，各测点的两帮移近量基本稳定。

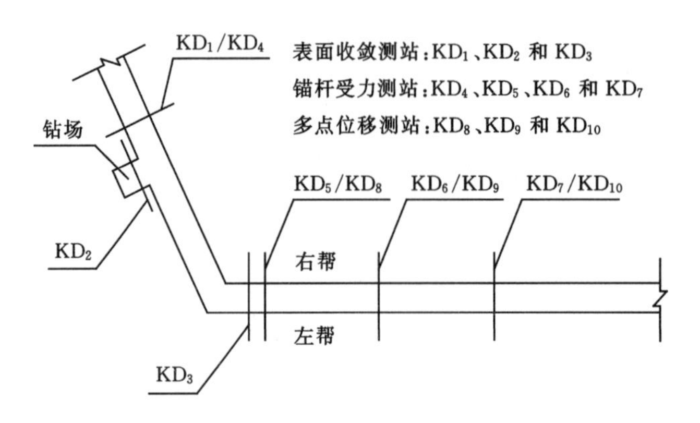

图 3-24　巷道测站布置示意

b. 各测点的变化趋势基本一致。KD_2 测点的两帮移近量最大，达 37.11 mm，其次为 KD_3 测点和 KD_1 测点，分别为 28.25 mm 和 16.4 mm。

分析原因可知，KD_2 测点在钻场内，靠近钻场和巷道形成的交叉区域(跨度大)，受 1001 工作面支承压力的影响较强烈，因而其两帮移近量较大。而 KD_1 测点所在位置，在工作面停采后，矿方反复施工加固，致使其两帮移近量非常小。

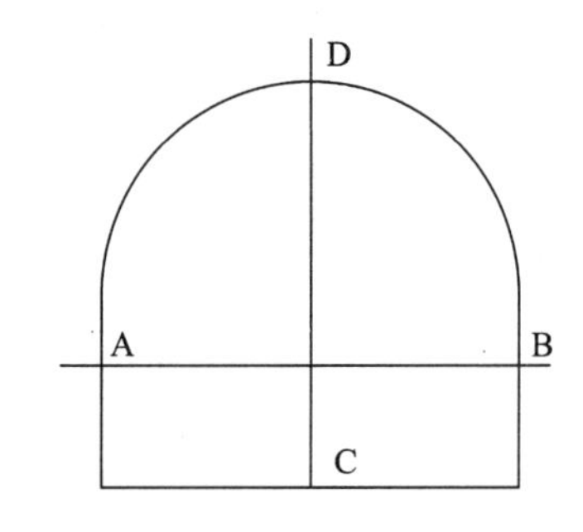

图 3-25　巷道表面收敛的测点布置示意

c. 各测点的变化均表现出明显的阶段性。以 KD_2 测点为例，第一阶段为采后 90 d，两帮移近量急剧增大，累计达 20 mm；进入第二次剧烈变化阶段，强度较第一阶段小，持续时间约为 90 d，此阶段累计两帮移近量为 17 mm；之后两帮变形基本稳定。KD_1 和 KD_3 测点变化趋势与 KD_2 测点的基本相同。

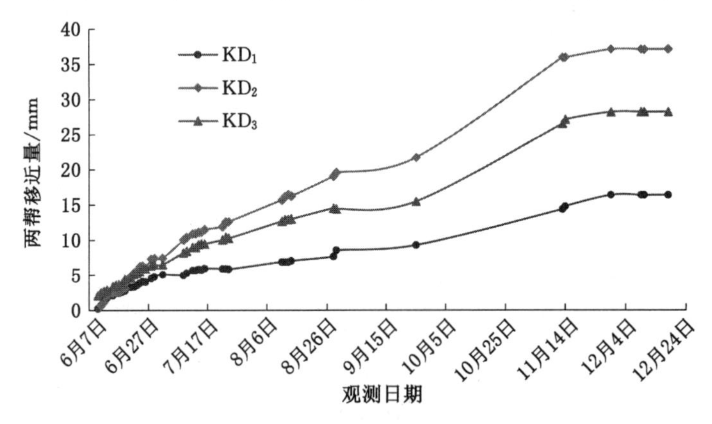

图 3-26　各测站巷道两帮移近量

② 巷道两帮移近速度变化规律

如图 3-27 所示，分析巷道两帮移近速度可得：

a. 各测站两帮移近速度均呈现逐渐衰减的趋势。工作面停采 180 d，两帮变形基本稳

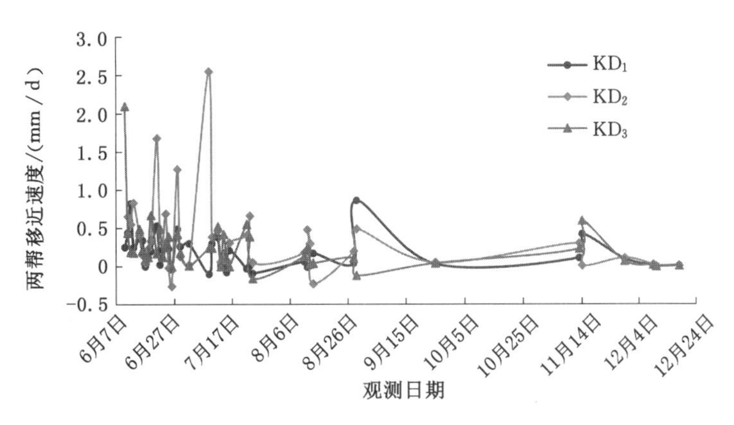

图 3-27 各测站两帮移近速度

定，各测点两帮移近速度均趋于零。

KD_1、KD_2、KD_3 测点的两帮移近速度最大值分别为 0.86 mm/d、2.55 mm/d 和 2.1 mm/d，其对应的 1001 工作面停采时间分别为 20 d、38 d 和 14 d。

b. 各测点的两帮移近速度均呈现出明显的阶段性和周期性衰减的变化规律。停采初期，采场上覆岩层处于剧烈移动期，工作面支承压力不断变化调整，巷道受采动影响的程度实时变化，巷道变形速度也动态响应，其具体表现为振幅大、周期短；随着停采时间的延长，采场上覆岩层活动强度逐渐趋于缓和，巷道变形速度表现为振幅减小、周期明显延长，最终趋于稳定。

(2) 围岩内部位移规律

6 月 26 日在钻场附近布置了多点位移测站(3 个)，12 月 18 日观测结束。在观测期间，一些测点受施工影响而损坏，仅保留了 KD_8 测站的 1# 和 3# 测点、KD_9 测站的 1# 和 2# 测点及 KD_{10} 测站的 1# 测点，共 5 个多点位移计测点，如图 3-28 所示。

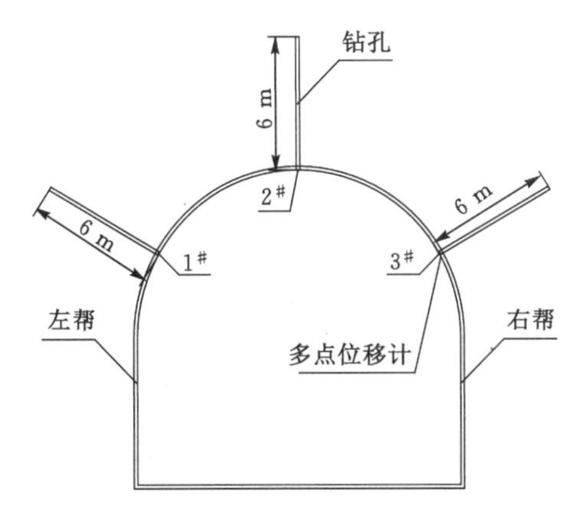

图 3-28 多点位移计测点布置

根据多点位移测站实测数据，绘制的各基点位移曲线如图 3-29 所示。

分析图 3-29 可以得出各基点的位移变化曲线呈现以下规律。

① 各测点位移变化基本在 11 月底趋于稳定，距工作面停采约 180 d。

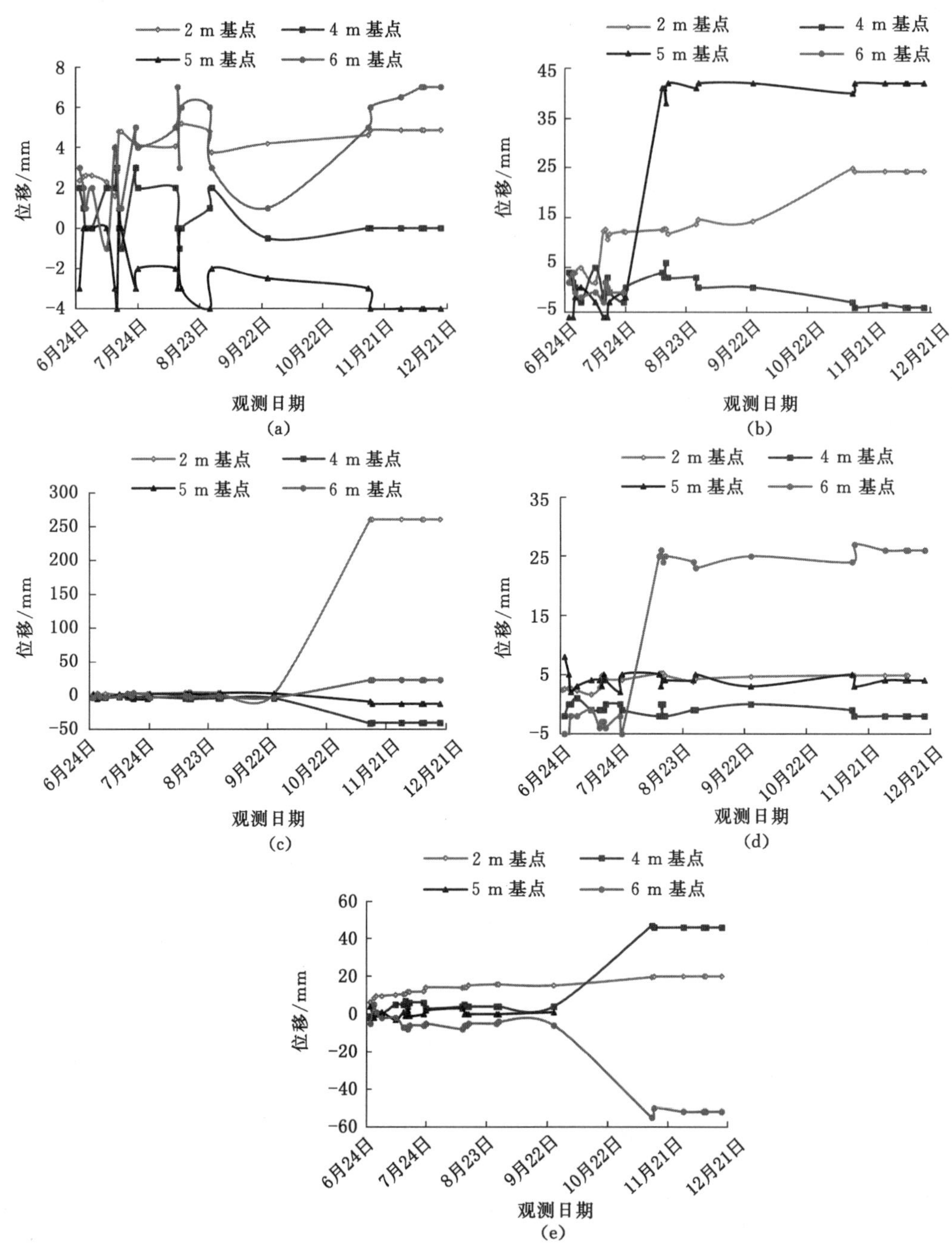

(a) KD_8 测站 1# 测点数据曲线;(b) KD_8 测站 3# 测点数据曲线;(c) KD_9 测站 1# 测点数据曲线;

(d) KD_9 测站 2# 测点数据曲线;(e) KD_{10}测站 1# 测点数据曲线。

图 3-29　各测站多点位移计测点位移变化曲线

② 多点位移计测点的位移变化具有明显的阶段性,与巷道表面收敛及测力计测量曲线呈现的阶段性特征相吻合。

③ 各测站测点均有位移突变,如 KD_8 测站 3# 测点的 5 m 基点和 KD_9 测站 1# 测点的 6 m基点,均在 7 月 24 日至 8 月 11 日两次观测之间发生突变,其突变位移分别为 42 mm 和

26 mm。根据多点位移计的测量方式，突变值大，表明巷道右帮 4～5 m 和左帮 5～6 m 范围内发生了明显的变形和离层，突变值对注浆加固和锚杆（锚索）长度参数的选择具有重要的参考价值。

④ 多点位移计基点之间的相对离层值见表 3-3，表中负数表示相互远离，即松散破碎距离或者裂隙宽度。

表 3-3　多点位移计基点间离层值

测站	测点	离层值/mm			
		2 m 基点	4 m 基点	5 m 基点	6 m 基点
KD_8	1#	4.86	0	−4	7
	3#	24.3	3	42	—
KD_9	1#	12.85	−2	4	26
	2#	261	−40	−12	23
KD_{10}	1#	20	46	—	−52

根据表 3-3 得出如下规律。

a. 巷道表面至内部 6 m 范围内，均出现比较明显的离层及裂隙现象。这说明采空区上覆岩层在活动和稳定的过程中，对巷道围岩稳定性的影响剧烈；巷道周边 6 m 范围均为松动圈，远大于普通开挖巷道 2～3 m 的松动范围，具体表现为两帮喷层基本炸裂，巷道围岩破碎，顶板垮落严重，这为巷道支护参数合理设计提供了很好的依据。

b. 巷道在受影响过程中，其顶板所受影响最大，离层值最大达 261 mm，大部分离层集中分布在顶板 0～2 m 范围内。

（3）锚杆受力分析

2008 年 6 月 9 日在钻场附近设置了 4 个测站，每个测站布置 5 个锚杆测力计，同一测站的测点布置如图 3-30 所示。

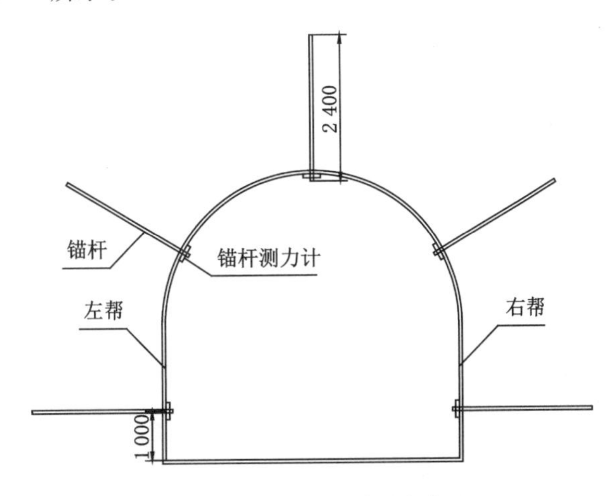

图 3-30　锚杆测力计测点布置

通过长达半年的观测，测力计观测分析结果如图 3-31 所示。

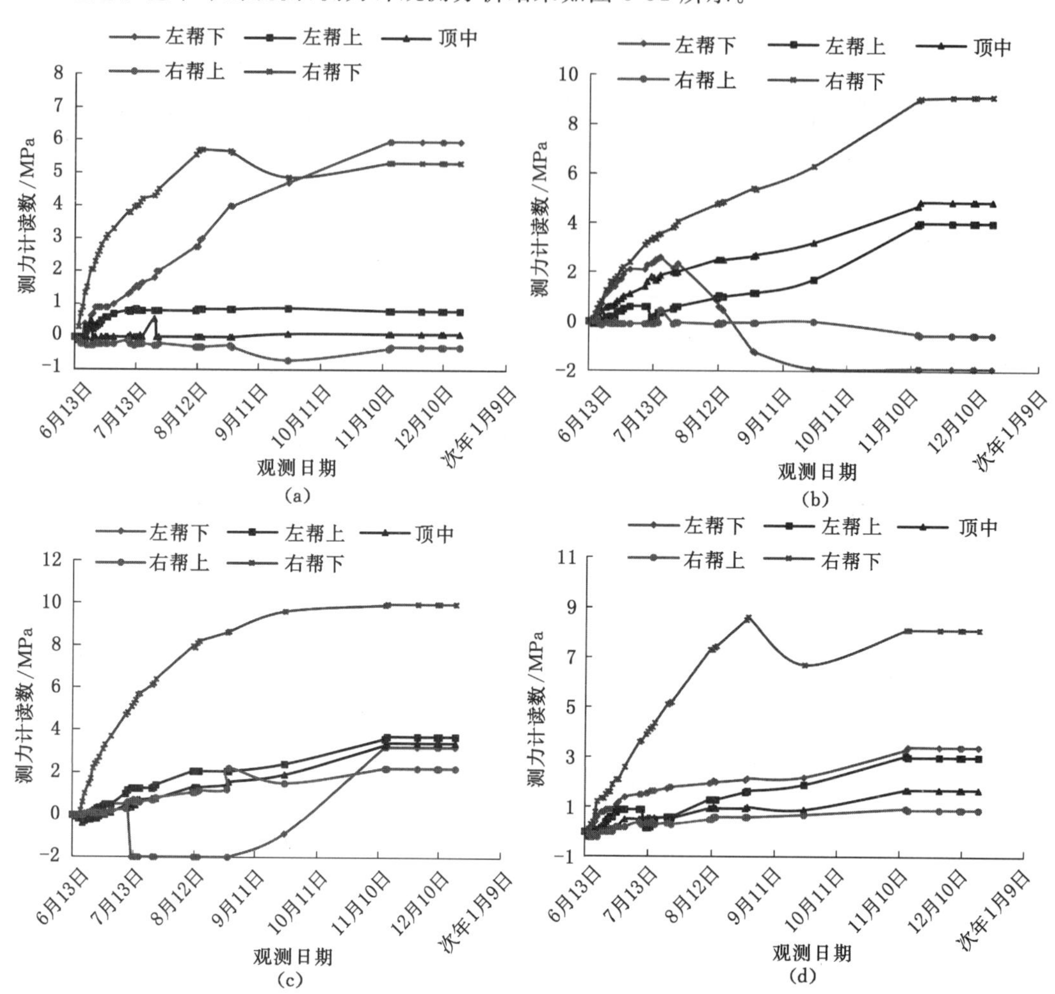

(a) KD_4 测站锚杆测力计；(b) KD_5 测站锚杆测力计；(c) KD_6 测站锚杆测力计；(d) KD_7 测站锚杆测力计。

图 3-31 锚杆测力计读数变化曲线

由图 3-31 得出如下规律：

① KD_4—KD_7 测站的测力计读数最终基本趋于稳定，稳定时间约为 6 个月。

② 帮部锚杆受力普遍大于顶板锚杆受力，两帮锚杆受力呈下大上小的趋势。受力最大的锚杆位于右帮下侧，最小的位于右帮上侧(KD_5 和 KD_6 测站左帮下侧测力计安装有问题，可不予考虑)。受力大小排序为右帮下＞左帮下＞左帮上＞顶中＞右帮上，表明在支承压力的作用下，巷道帮部的变形量总体上较顶板大；而右帮上锚杆受力最小，说明半圆拱形巷道帮上肩窝部位破坏严重，锚杆锚固范围内围岩松散破碎，整体移动，锚杆张拉力较小，此处为巷道修复的重点部位。各测点稳定后的读数见表 3-4。

③ 锚杆受力呈现明显的阶段性，与巷道两帮移近量和移近速度呈现的阶段性一致。KD_4 和 KD_7 测站的右帮下读数尤为明显。分析可知，第一阶段持续时间为 90 d(5 月 28 日至 8 月 28 日)，锚杆受力变化较快，受力较大，此时 KD_4 和 KD_7 测站的右帮下读数由零分别

表 3-4 KD_4—KD_7 测站的测力计最终读数

测站	测力计最终读数/MPa				
	右帮下	左帮下	左帮上	顶中	右帮上
KD_4	5.30	5.95	0.80	0.10	−0.30
KD_5	9.13	—	4.00	4.85	−0.55
KD_6	9.95	3.20	3.70	3.40	2.20
KD_7	8.10	3.40	3.00	1.70	0.90

增大至 5.7 MPa 和 8.5 MPa；第二阶段，由于测力计与锚杆接触不良，在 8 月 29 日至 9 月 18 日期间，部分锚杆受力有所下降，KD_4 和 KD_7 测站的右帮下读数分别由 5.7 MPa 和 8.5 MPa降至 4.8 MPa 和 6.7 MPa，从 9 月 18 日至 11 月 15 日，测力计读数又逐渐增大，但增幅较第一阶段明显较弱，说明采空区上覆岩层活动较前一阶段有所缓和，此时 KD_4 和 KD_7 测站的右帮下读数分别由 4.8 MPa 和 6.7 MPa 升至 5.3 MPa 和 8.1 MPa；第三阶段，经过约 180 d 的变化，锚杆受力完全稳定，KD_4 和 KD_7 测站的右帮下读数分别为 5.3 MPa 和 8.1 MPa。

根据上覆岩层活动及巷道矿压显现分析，两者均表现出阶段性的特征，两者紧密相关。上覆岩层主要通过裂隙闭合区传递应力进而影响巷道，巷道围岩变形和锚杆受力相应地表现出阶段性响应特征(停采 180 d 后稳定)，具体表现为巷道表面开裂形成裂缝、喷层部分脱落。但这种响应具有一定的滞后性，滞后上覆岩层 15 d 稳定。

4 上行开采顶板巷道稳定性影响因素分析

我国煤层群分布广泛，开采条件日益复杂和恶化。为了解决上部煤层含水量大、煤与瓦斯突出、冲击地压等问题，上行开采被广泛采用，需要在上行开采采动影响范围内的特定区域布置顶板巷道。根据上行开采采动应力分布规律及上覆岩层裂隙时空演化规律可知，在采动调整过程及最终形成的应力场中，顶板不同区域巷道处在不同应力环境中，反映应力状态的侧压系数不同；在上行开采上覆岩层形成的裂隙场中，由于裂隙分布的分区性，顶板巷道围岩强度产生不同程度的弱化，不同区域围岩强度表现出一定的差异性；而顶板不同区域巷道对不同断面形状的适应性也不同。

针对上述三种影响因素，本章采用 FLAC^{2D}数值软件分析顶板不同区域巷道对不同断面形状的适用性，以及侧压系数和围岩强度等影响因素对顶板巷道稳定性的影响；同时针对工程应用中常见的棚式支护结构失稳现象，分析其对巷道稳定性的影响，为上行开采顶板巷道稳定性控制理论提供依据。

4.1 断面形状对巷道的适应性

4.1.1 数值计算模型及有关参数

数值计算采用 FLAC^{2D}数值软件和 Mohr-Coulomb 本构模型[149-152]。模型尺寸(长×宽)为 80 m×80 m，共划分 160×160 个单元。模型两侧和底部为位移边界，顶部为应力边界，根据第 2 章数值计算结果，在模型上部施加 20 MPa 的载荷来模拟巷道所处的高地应力环境，如图 4-1 所示。

模型采用单一均质材料，由于工作面上覆岩体产生不同程度的采动损伤，其围岩力学性能明显降低，表现出工程软岩的特性，因此材料物理力学参数取值较小，见表 4-1。

表 4-1 岩体的物理力学参数

密度 /(kg/m^3)	体积模量 /MPa	剪切模量 /MPa	内摩擦角 /(°)	抗拉强度 /MPa	内聚力 /MPa
2 500	1 670	769	26	0.6	0.4

我国煤矿普遍采用的巷道断面形状为折线形和曲线形两类[153-154]。针对性选取矩形、半圆拱形、马蹄形、椭圆形和圆形五种巷道断面形状，如图 4-2 所示，各断面均外接于半径为 2.5 m的圆。从巷道塑性区分布、应力场分布以及围岩变形特征等几个方面，研究静水压力

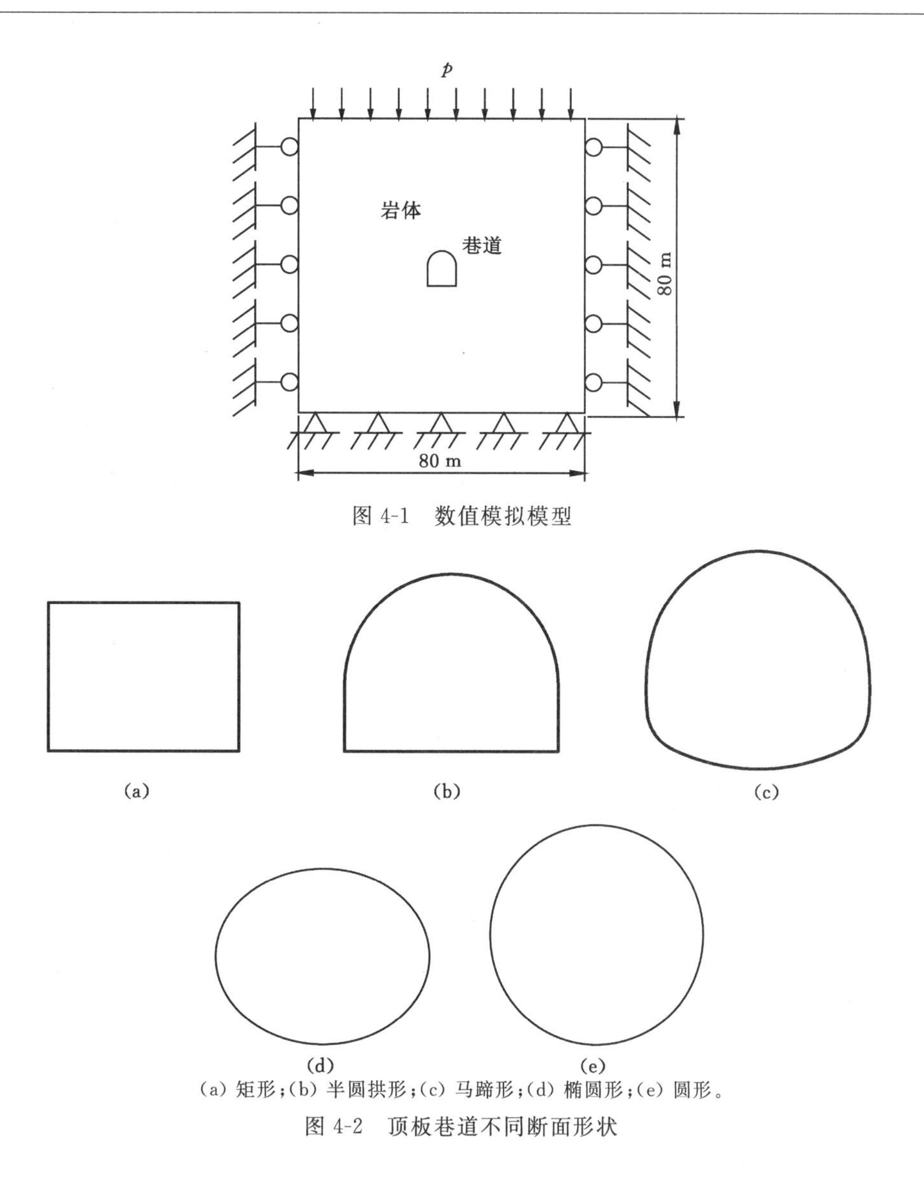

图 4-1　数值模拟模型

(a) 矩形；(b) 半圆拱形；(c) 马蹄形；(d) 椭圆形；(e) 圆形。

图 4-2　顶板巷道不同断面形状

条件(即水平应力与垂直应力相等)下断面形状对巷道围岩稳定性的影响。

4.1.2　巷道围岩塑性区分布

图 4-3 为五种典型断面的巷道围岩塑性区分布图。巷道开挖后，巷道两帮塑性区边界至巷道周边距离约 7 m。从围岩塑性区的分布特征来看，这几种典型断面的巷道围岩塑性区趋同，与开挖半径为 2.5 m 的圆形巷道形成的塑性区近似等效。

各种断面形状巷道开挖后，均相当于开挖了同径的圆形巷道，这里存在一个等效开挖的概念，如图 4-4 所示。为方便施工，并提供尽可能高的有效使用断面，实际工程中多选用半圆拱形断面巷道。该巷道开挖对围岩造成的影响等效于同径外接圆形断面巷道；帮部和底部同时存在一个开挖“差集”，未开挖的“差集”区岩体实际上处于塑性破碎状态，该区岩体已完全松散破碎，基本不具备承载能力，承载效果差，此区域称为“低效加固区”。

巷道围岩塑性区在垂直方向上受围岩自重应力的影响相对较小，若巷道断面关于 X 轴

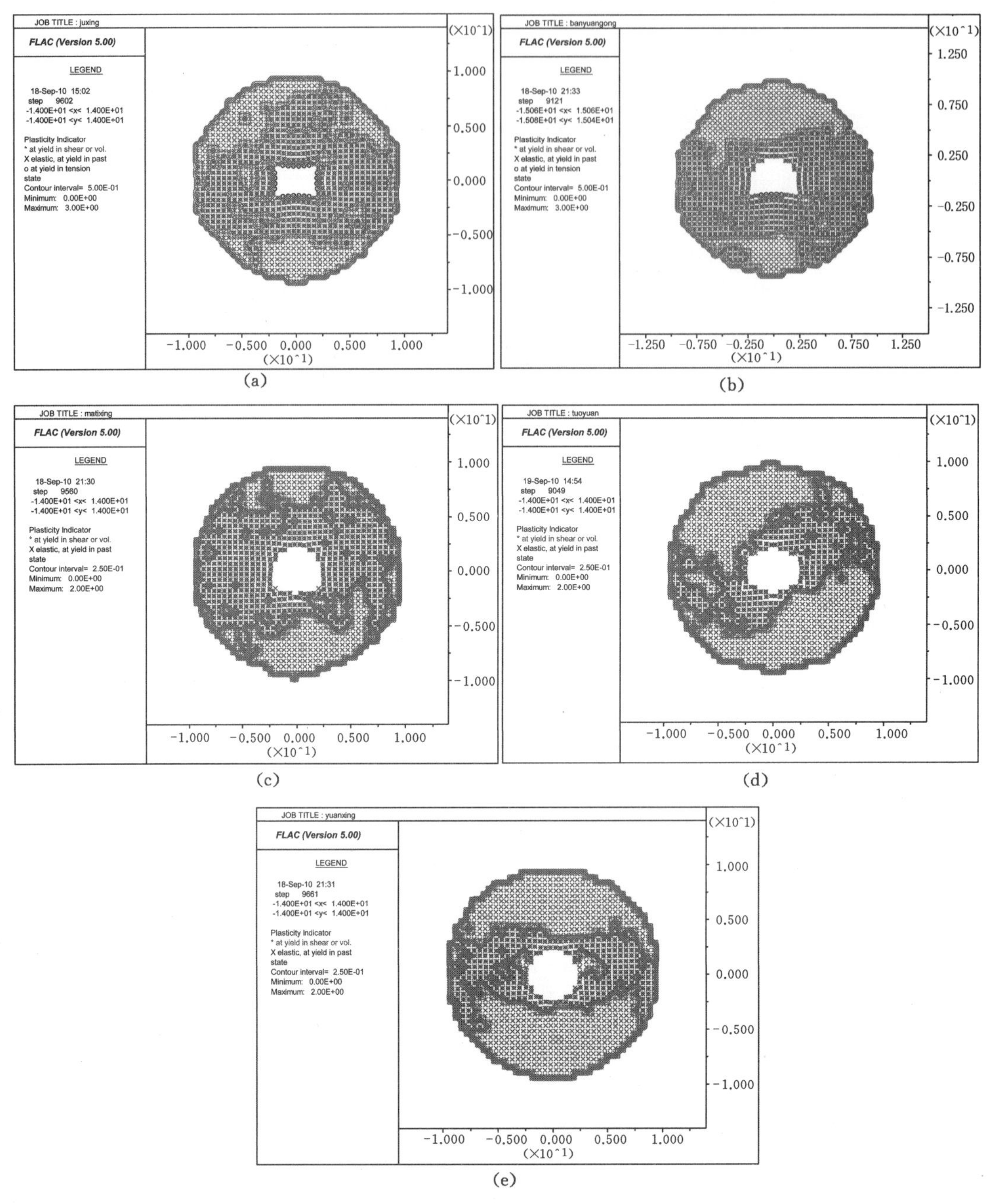

(a) 矩形；(b) 半圆拱形；(c) 马蹄形；(d) 椭圆形；(e) 圆形。

图 4-3 不同断面形状的巷道围岩塑性区分布

对称，则塑性区关于 X 轴对称分布。塑性区对称程度取决于巷道断面形状的对称程度。

矩形巷道为折线形巷道，巷道四周产生的较大拉应力超过了围岩的抗拉强度，其围岩不仅发生剪切破坏，还在巷道两帮及顶底板产生拉破坏，出现拉破坏区[图 4-3(a)]；半圆拱形巷道断面由折线和曲线组成，由于局部采用曲线，巷道顶帮周边拉应力降低，且低于围岩的抗拉强度，巷道断面为曲线的部分未发生拉破坏，仅在巷道底板出现拉破坏[图 4-3(b)]；马

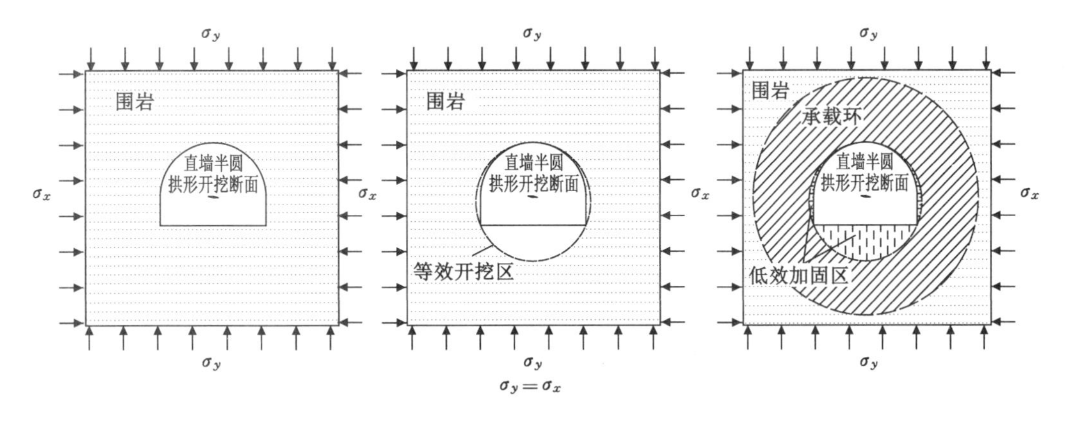

图 4-4　巷道等效开挖过程示意

蹄形巷道、椭圆形巷道及圆形巷道断面全部为曲线，巷道周边的拉应力均较小，巷道围岩只发生剪切破坏，不产生拉破坏[图 4-3(c)至图 4-3(e)]。因此，曲线形断面巷道周边的拉应力较折线形断面巷道的拉应力小，可以有效抑制巷道周边产生拉破坏。

4.1.3　巷道围岩应力场分布

4.1.3.1　围岩拉应力分布

岩石抗压不抗拉，易在较低的拉应力作用下发生破坏，进而导致巷道围岩失稳。巷道围岩中的应力大小、应力分布和巷道断面形状有关。曲线形断面能够对巷道四周的拉应力起到优化作用，降低周边拉应力，甚至形成压应力，提高围岩稳定性。

图 4-5 为不同断面形状的巷道围岩拉应力分布情况，从图中可以看出：

(1) 矩形巷道四周均出现较大的拉破坏区，尤其是巷道的顶部。

(2) 巷道顶部断面采用拱形后，顶部的拉应力区显著减小，甚至在巷道肩角位置出现了小范围的压应力区；巷道帮部的拉应力区也有所缩小，避免了帮部发生拉破坏；但顶部断面形状对帮部拉应力的影响作用十分有限，帮部断面形状对拉应力的影响较大。

(3) 若采用曲线形巷道断面，则随着巷道帮部弯曲弧度的增加，帮部拉应力逐渐减小，断面周边局部出现压应力；巷道底板与帮部呈现相同的规律，即随着底拱程度的增加，底板的拉应力逐渐减小。

4.1.3.2　围岩主应力分布

图 4-6 至图 4-10 为不同断面巷道的主应力分布，不同断面巷道围岩的最大主应力和最小主应力分布大体一致，总体上与开挖半径为 2.5 m 的圆形巷道的主应力分布等效，但受到巷道断面低效加固区效应的影响，也有一定区别。

矩形巷道(图 4-6)低效加固区最大厚度位于巷道中轴线位置，最小厚度位于巷道肩角及底角。主应力差在低效加固区效应作用下，其分布由中轴线向肩角或底角逐渐收缩，呈现不均匀性。在巷道径向 2.5 m 范围内，越靠近巷道表面，主应力差分布越不均匀，低效加固区效应越强烈；在巷道径向 2.5～9 m 范围内，低效加固区效应明显减弱；远离巷道表面，主应力分布逐渐趋向均匀，低效加固区效应不明显。

半圆拱形巷道(图 4-7)与矩形巷道相比，顶板和帮部断面均为曲线，与其对应的低效加

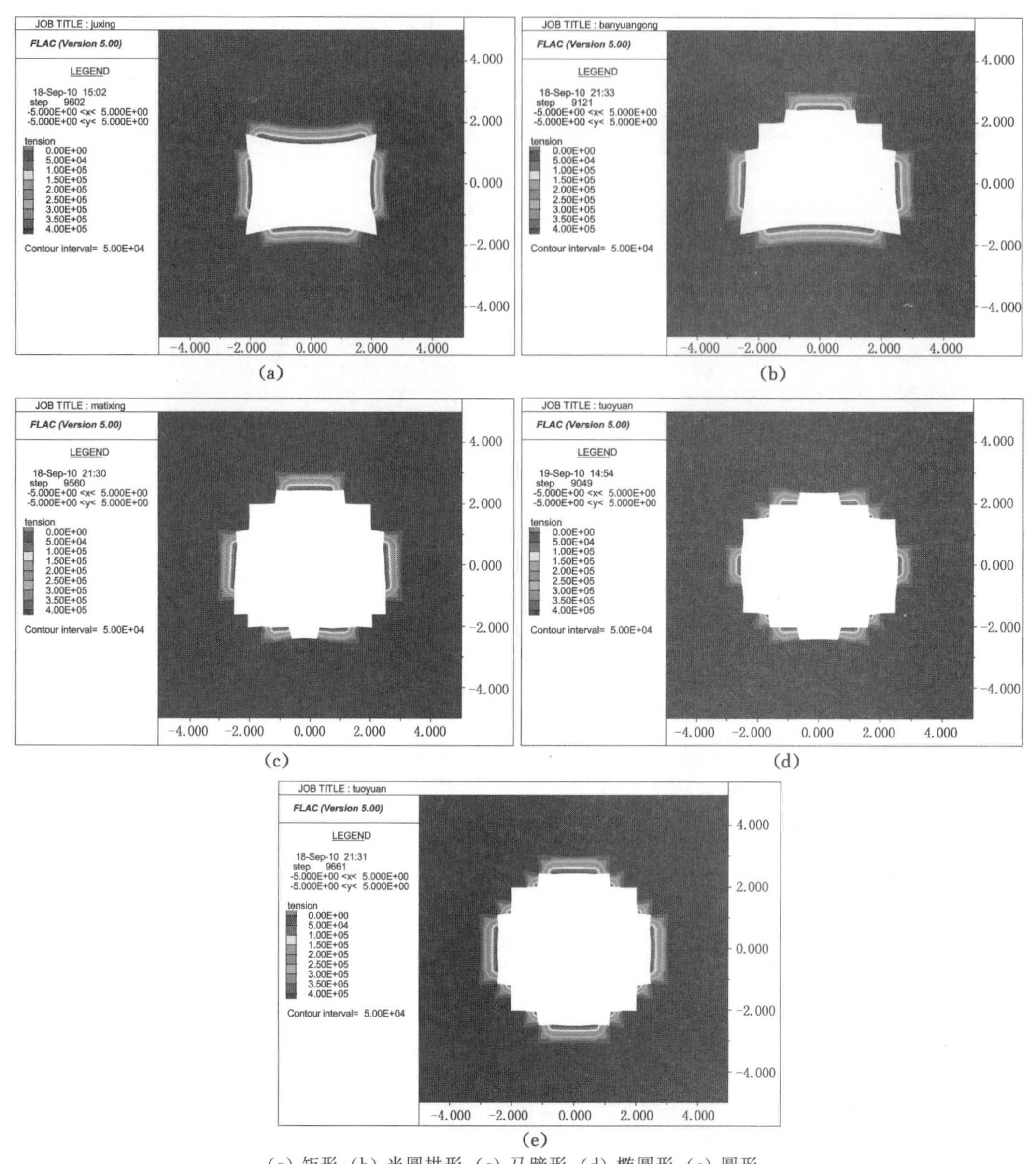

(a) 矩形；(b) 半圆拱形；(c) 马蹄形；(d) 椭圆形；(e) 圆形。

图 4-5　不同断面形状的巷道围岩拉应力分布

固区变小且分布较均匀，顶板及巷帮主应力差分布较矩形巷道明显改善，均匀度大幅度提高，但由于底板低效加固区没有根本性的变化，底板的主应力分布与矩形巷道底板没有实质的区别。

马蹄形巷道(图 4-8)采用反底拱处理巷道底板，从而可减小低效加固区对巷道底板应力分布的影响。由于马蹄形巷道帮部与底板交接处未圆滑过渡，受到低效加固区的影响，应力出现小范围不均匀；但巷道周边围岩的应力较矩形、半圆拱形的有较大改善，巷道周边的主应力分布均匀度高。

椭圆形巷道(图 4-9)的反底拱程度较马蹄形巷道更大，这使巷道实际断面与等效开挖

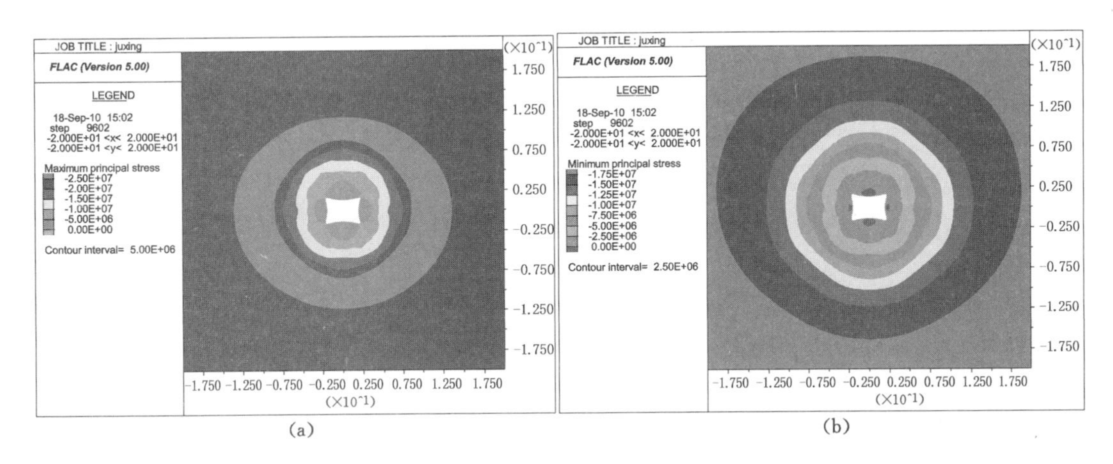

(a) 最大主应力;(b) 最小主应力。

图 4-6 矩形巷道主应力分布

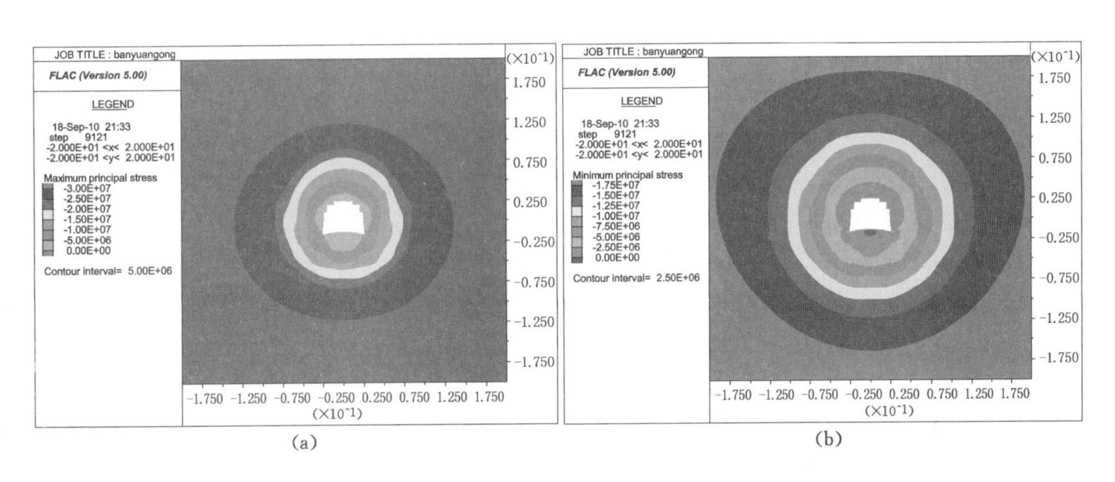

(a) 最大主应力;(b) 最小主应力。

图 4-7 半圆拱形巷道主应力分布

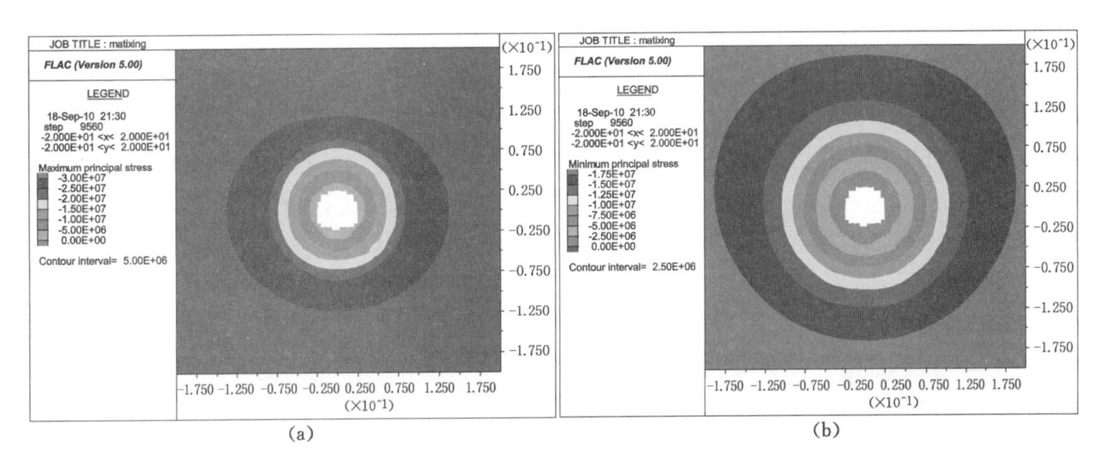

(a) 最大主应力;(b) 最小主应力。

图 4-8 马蹄形巷道主应力分布

断面之间存在的低效加固区越来越小，进一步弱化了低效加固区的效应，巷道周边应力分布已很均匀，但均匀程度仍不及圆形巷道。圆形巷道(图 4-10)不存在低效加固区，巷道的主应力分布非常均匀，巷道处于均压状态。

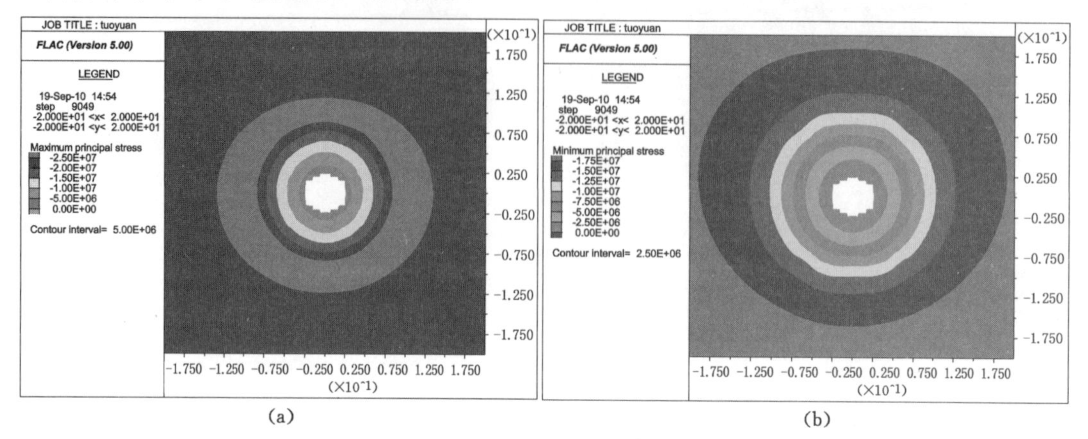

(a) 最大主应力;(b) 最小主应力。

图 4-9　椭圆形巷道主应力分布

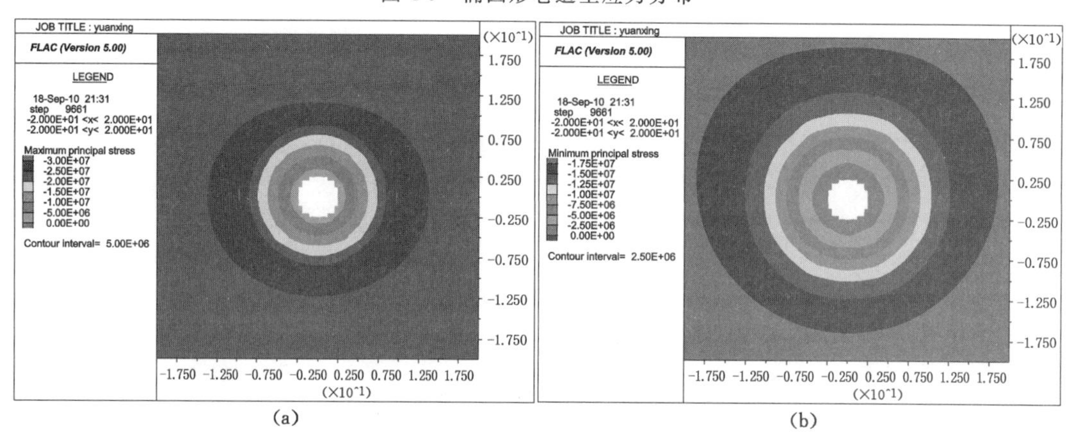

(a) 最大主应力;(b) 最小主应力。

图 4-10　圆形巷道主应力分布

4.1.3.3　围岩主应力差分布

巷道周边 2.5 m(1 倍的巷道硐径)范围内，围岩主应力分布均匀程度受巷道断面即低效加固区效应影响强烈，远离巷道周边，影响程度逐渐减弱；巷道断面接近等效开挖断面，主应力不均匀的范围会逐渐缩小甚至消失，巷道围岩主应力差分布也遵循这一规律，如图4-11所示。

根据 Mohr-Coulomb 屈服准则，围岩主应力差与围岩剪切破坏有紧密联系，从根本上决定了巷道围岩剪切破坏的范围，比最大(最小)主应力更能反映巷道围岩的状态。因此，为深入分析和掌握巷道围岩主应力差分布规律，在选取的巷道断面模型中，沿垂直于巷道顶板、帮部及底板方向分别设置一条 15 m 长的测线，每条测线均匀布置 30 个测点，由于模型左右对称，因此仅选取左帮为代表进行分析研究。综合处理每条测线的记录数据，结果如图 4-12至图 4-14 所示。

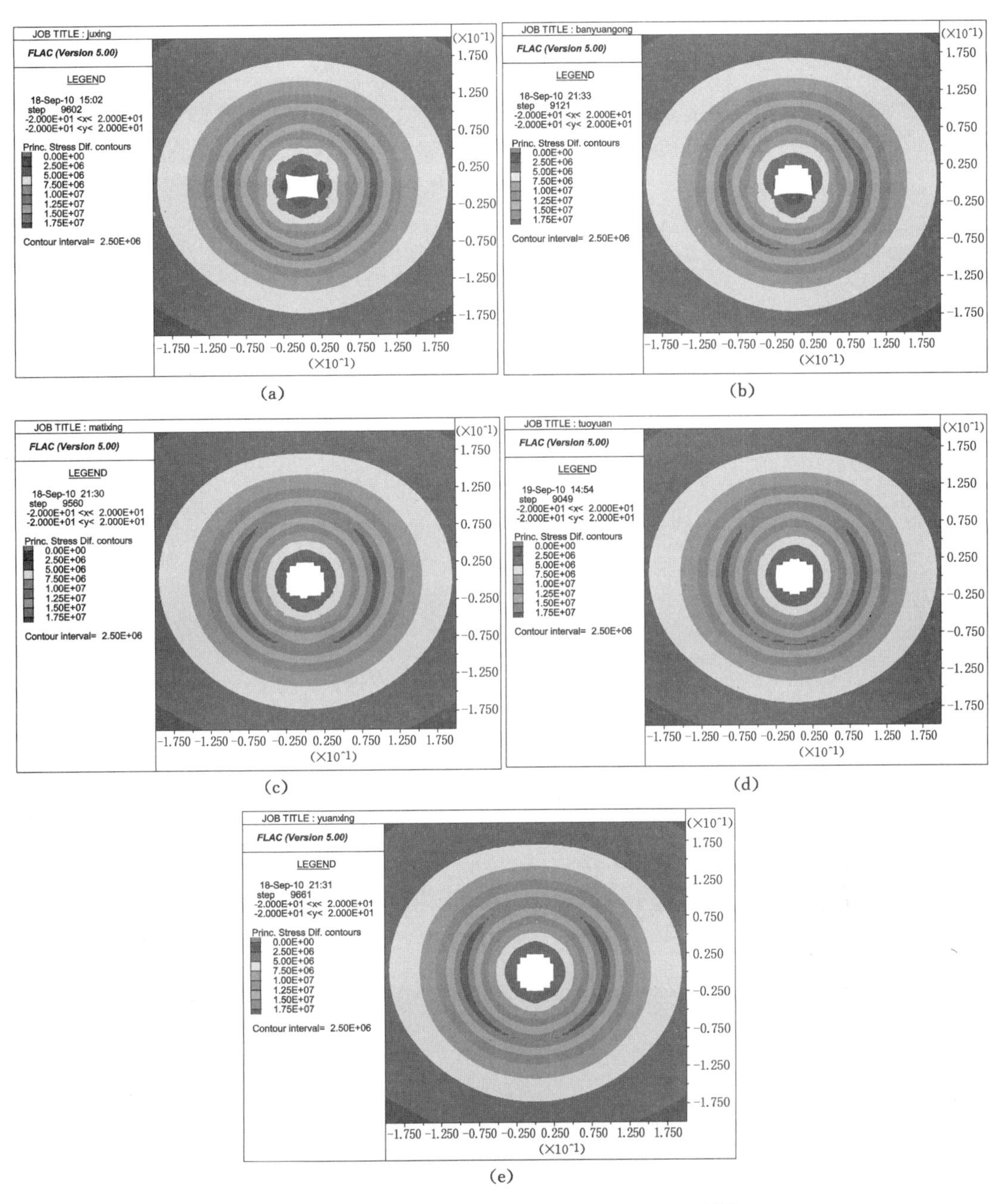

(a) 矩形；(b) 半圆拱形；(c) 马蹄形；(d) 椭圆形；(e) 圆形。

图 4-11　不同断面形状的巷道围岩主应力差分布

由图 4-12 可得如下规律：

(1) 除矩形巷道外，其他断面巷道顶板主应力差分布没有明显差异，都比较接近；巷道断面越接近等效开挖断面，主应力差分布曲线越平滑。

(2) 各种断面巷道的主应力差峰值没有差异，均为 17.0 MPa 左右；除矩形巷道外，主应力差的峰值位置位于巷道顶板上方约 6.5 m 处。

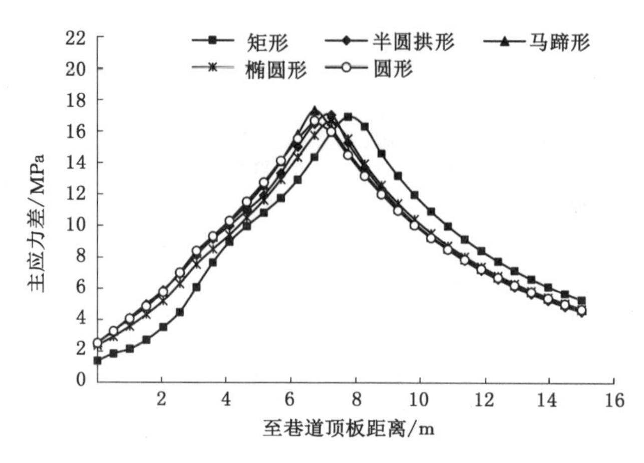

图 4-12　不同断面形状的巷道顶板主应力差分布

(3) 矩形巷道主应力差曲线有较大起伏，主应力差峰值位置位于巷道顶板上方约 7.5 m 处，主要原因是受矩形巷道顶板低效加固区影响，其顶板低效加固区厚度约为 1.0 m。若将主应力差曲线向 X 轴负方向平移 1.0 m，则矩形巷道的主应力差分布曲线与其他巷道的总体规律一致。

图 4-13 和图 4-14 分别为巷道底板和帮部主应力差分布变化曲线，可以看出低效加固区厚度对主应力差的影响与对巷道顶板的影响规律类似，只是巷道底板和帮部主应力差的峰值和位置发生了明显的变化。巷道底板主应力差峰值约为 18.0 MPa，峰值位置位于底板下方 6.5 m 处；巷道帮部主应力差峰值约为 18.5 MPa，峰值位置距巷帮约 7.0 m。

比较巷道顶板、底板及帮部的主应力差峰值，可知帮部主应力差峰值最大，其次为底板和顶板，峰值位置距各自距离总体上分别为 7.0 m、6.5 m 和 6.5 m。因此，巷道帮部塑性区的扩展范围比底板和顶板的大，而底板和顶板的塑性区扩展范围相差不大，这与围岩塑性区分布的模拟结果相吻合。

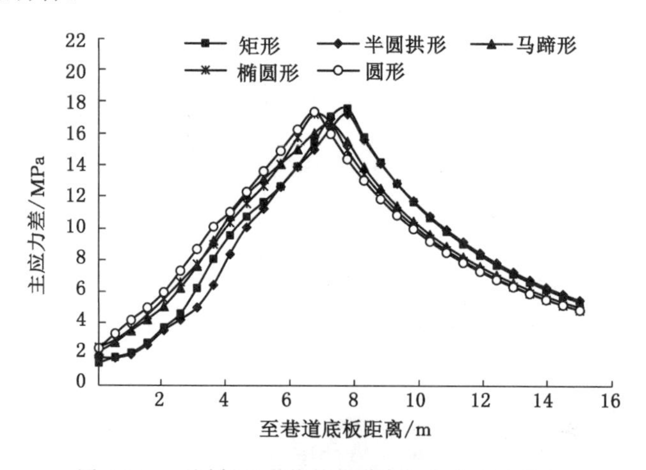

图 4-13　不同断面形状的巷道底板主应力差分布

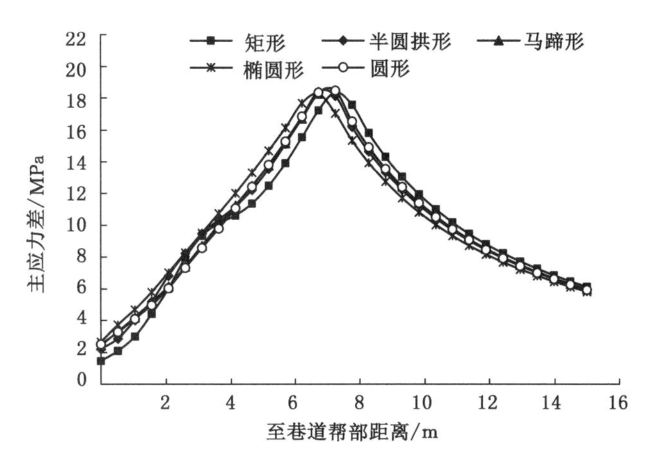

图 4-14 不同断面形状的巷道帮部主应力差分布

4.1.4 巷道围岩变形特征

图 4-15 为不同断面形状的巷道围岩位移矢量分布，由图可见，巷道四周不同位置的位移大小和方向不同。不同断面的巷道，其位移矢量均指向巷道周边，与巷道周边距离越近，位移越大。矩形巷道周边位移明显高于其他形状的巷道位移，随着低效加固区范围的减小，巷道四周的位移大大减小，分布逐渐均匀，椭圆形巷道和圆形巷道的位移场甚至没有区别。

为了深入分析巷道围岩变形特征，沿垂直于巷道顶板、帮部以及底板方向分别设置了一条 15 m 长的测线，每条测线均匀布置 30 个测点，由于巷道模型左右对称，依然选取左帮为代表进行分析研究。综合处理各条测线的记录数据，结果如图 4-16 至图 4-18 所示。

从图 4-16 可看出，矩形巷道的顶板位移最大，其他四种断面巷道的顶板位移曲线近似重合，差别很小；各断面巷道顶板位移均随着至巷道顶板表面距离的增加而减小。矩形巷道顶板较其他巷道变形大，同样是因为其顶板低效加固区厚度较其他巷道的大，这充分说明低效加固区的松动变形是矩形巷道顶板周边位移最大的根本原因。

图 4-17 中，因矩形巷道、半圆拱形巷道在巷道底板的低效加固区范围比较接近，因此，两者的位移曲线大致相同。从平底巷道到马蹄形巷道，底板低效加固区范围有所减小，因此巷道底板的表面变形量有所降低，变形量减小约 85 mm；当采用椭圆形巷道和圆形巷道时，低效加固区变形量又依次减小了 17 mm 和 29 mm。

随着不同断面巷道帮部低效加固区范围的逐渐减小，巷道两帮的位移也逐渐减小；当断面为圆形时，不受低效加固区范围影响，帮部的位移达到最小值，约为 265 mm(图 4-18)。

综合分析巷道围岩主应力和主应力差分布图及围岩变形特征曲线可知，等效开挖模型中低效加固区的松动变形显著影响巷道周边位移。低效加固区范围越大，巷道表面产生的变形量就越大；低效加固区范围越小，巷道表面产生的变形量也就越小，当巷道没有低效加固区时，巷道表面产生的位移最小，巷道围岩也就最稳定。

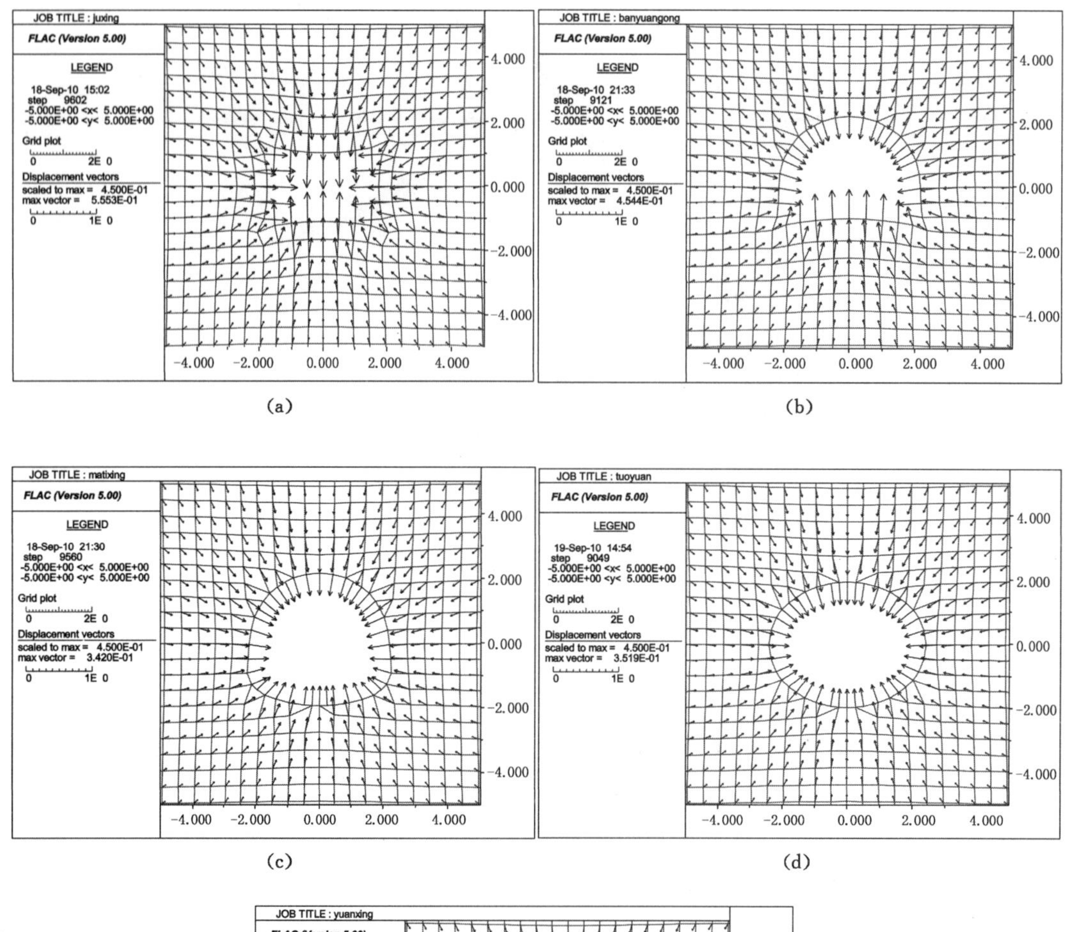

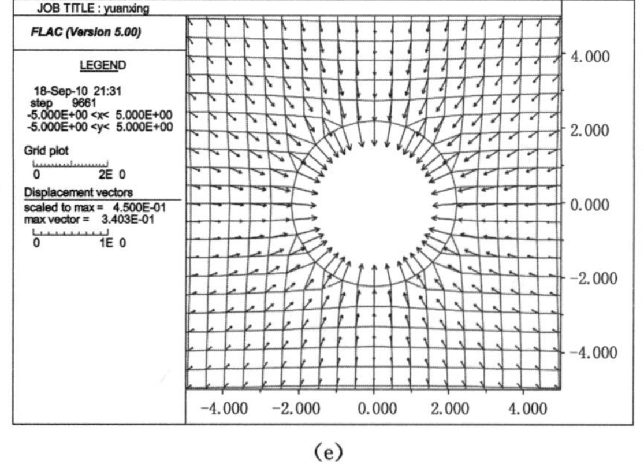

(e)

(a) 矩形；(b) 半圆拱形；(c) 马蹄形；(d) 椭圆形；(e) 圆形。

图 4-15 不同断面形状的巷道围岩位移矢量分布

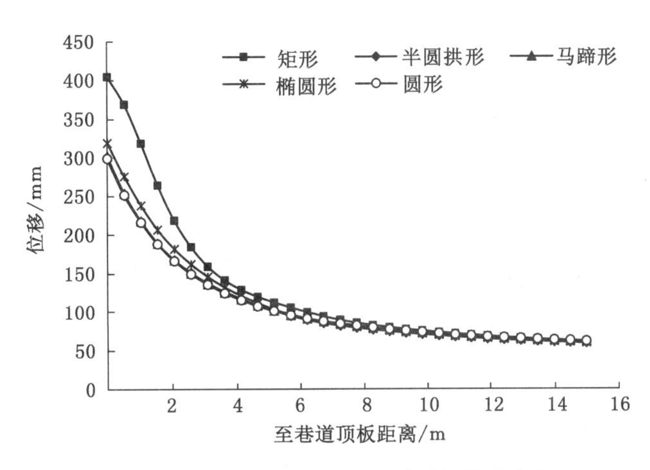

图 4-16 不同断面形状的巷道顶板位移分布

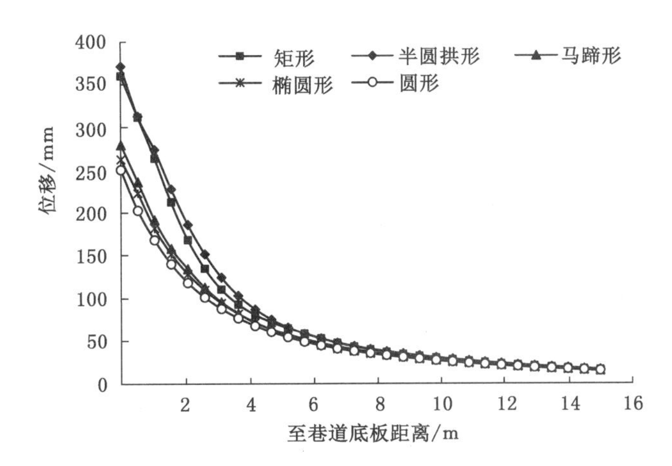

图 4-17 不同断面形状的巷道底板位移分布

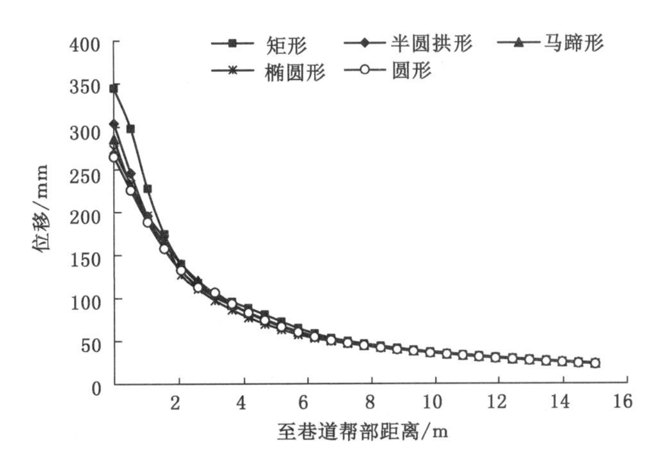

图 4-18 不同断面形状的巷道帮部位移分布

4.2 侧压系数对巷道稳定性的影响

4.2.1 侧压系数对塑性区分布的影响

如前文所述，围岩塑性区分布与巷道断面的等效开挖半径紧密相关，即巷道等效开挖半径决定了围岩塑性区的分布。等效半径相同而断面形状不同的巷道在开挖后，其塑性区分布趋同，与以等效半径开挖的圆形巷道的塑性区分布近似等效，此时断面形状对塑性区的分布影响不大。

因此，圆形巷道在静水压力条件下具有较好的适应性，选取圆形巷道研究侧压系数对塑性区分布的影响具有代表性。

为了使巷道所处应力环境具有可比性，当$\lambda<1$时，模型水平应力不变，提高模型中的垂直应力，侧压系数分别取$\lambda=0.7$，$\lambda=0.8$，$\lambda=0.9$；当$\lambda>1$时，模型垂直应力不变，提高模型中的水平应力，使侧压系数$\lambda=1.2$，$\lambda=1.4$，$\lambda=1.6$。不同侧压系数下围岩塑性区分布如图4-19所示。当$\lambda=1$，即$\sigma_x=\sigma_y$时，围岩应力为20 MPa。

分析图4-19，得到如下规律：

(1) 当侧压系数$\lambda=1$，即$\sigma_x=\sigma_y$时，围岩塑性区在巷道周围近似均匀分布，塑性区形状为圆形。

(2) 当侧压系数$\lambda<1$时，围岩塑性区近似呈椭圆状分布，其长轴为X轴。随着侧压系数的减小即提高垂直应力，塑性区在水平方向的范围呈递增趋势，而在垂直方向则变化不大，塑性区整体范围明显增大。

(3) 当侧压系数$\lambda>1$时，围岩塑性区近似呈椭圆状分布，其长轴为Y轴。随着侧压系数增大即水平应力增大，塑性区在垂直方向的范围呈递增趋势，而在水平方向则变化不大，塑性区整体范围明显增大。

4.2.2 侧压系数对主应力差分布的影响

不同侧压系数下圆形巷道围岩主应力差的分布如图4-20和图4-21所示。

分析图4-20和图4-21可得出主应力差分布规律。

(1) 当$\lambda>1$时：

① 主应力差关于X轴对称分布，主应力差峰值对称出现在顶板上方及底板下方位置。

② 随λ增大，主应力差峰值呈递增趋势，主应力差峰值处至顶底板的距离也呈递增趋势。$\lambda=1.2$、$\lambda=1.4$和$\lambda=1.6$时主应力差峰值分别为21 MPa、24.5 MPa和28 MPa左右，主应力差峰值对应的位置距顶底板分别为8.0 m、9.0 m、10.0 m左右。

③ 随λ增大，主应力差峰值位置在垂直方向远离巷道顶板，这与围岩塑性区分布范围在垂直方向上持续增大吻合。

(2) 当$\lambda\leqslant1$时：

① 主应力差关于Y轴对称分布，主应力差峰值对称出现在巷道两帮的位置。

② 随λ减小，主应力差峰值呈递增趋势，主应力差峰值处距帮部的距离也呈递增趋势。$\lambda=1.0$、$\lambda=0.9$、$\lambda=0.8$和$\lambda=0.7$时主应力差峰值分别为17.0 MPa、21.5 MPa、24.5 MPa和

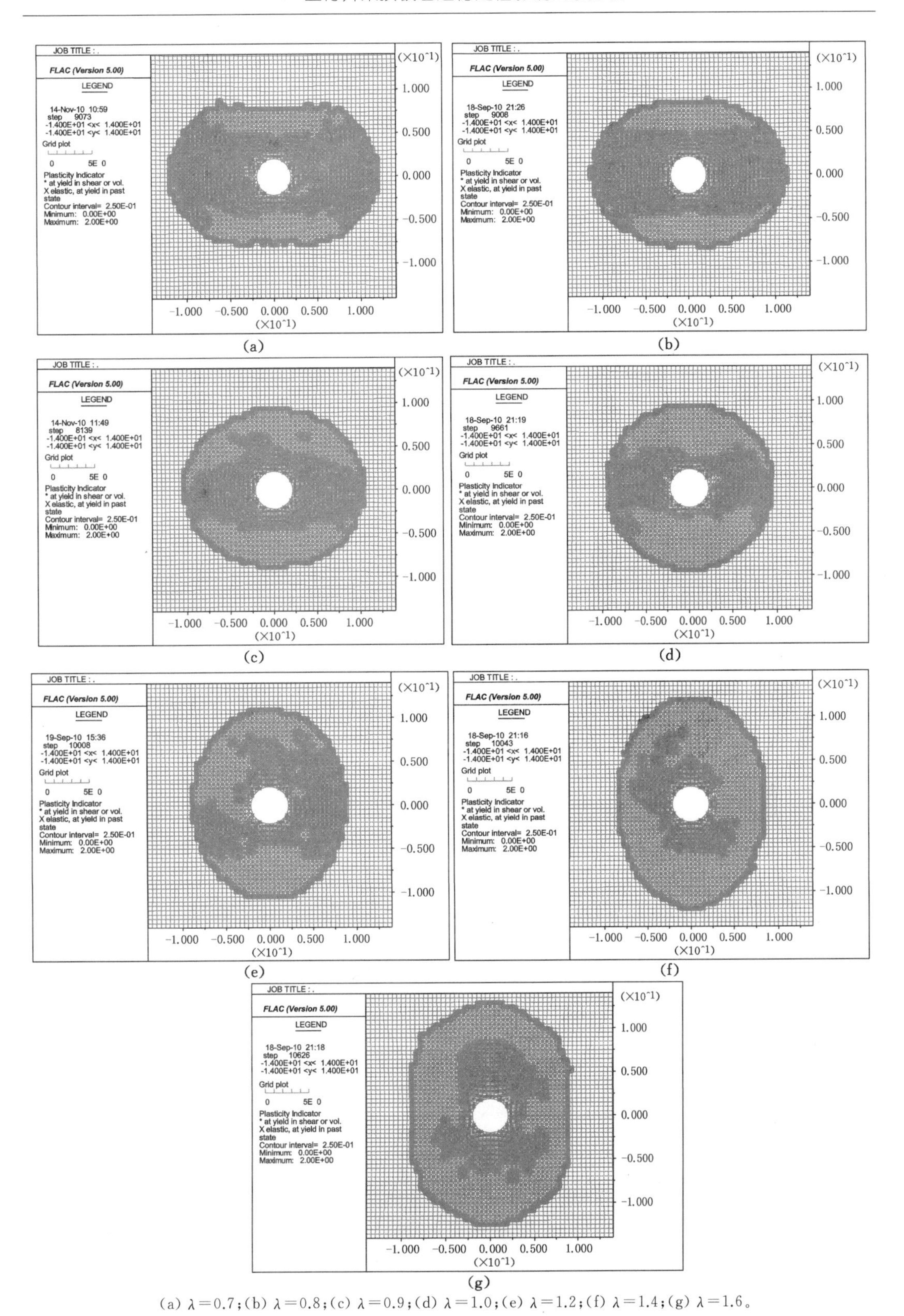

(a) $\lambda=0.7$;(b) $\lambda=0.8$;(c) $\lambda=0.9$;(d) $\lambda=1.0$;(e) $\lambda=1.2$;(f) $\lambda=1.4$;(g) $\lambda=1.6$。

图 4-19 不同侧压系数下围岩塑性区分布

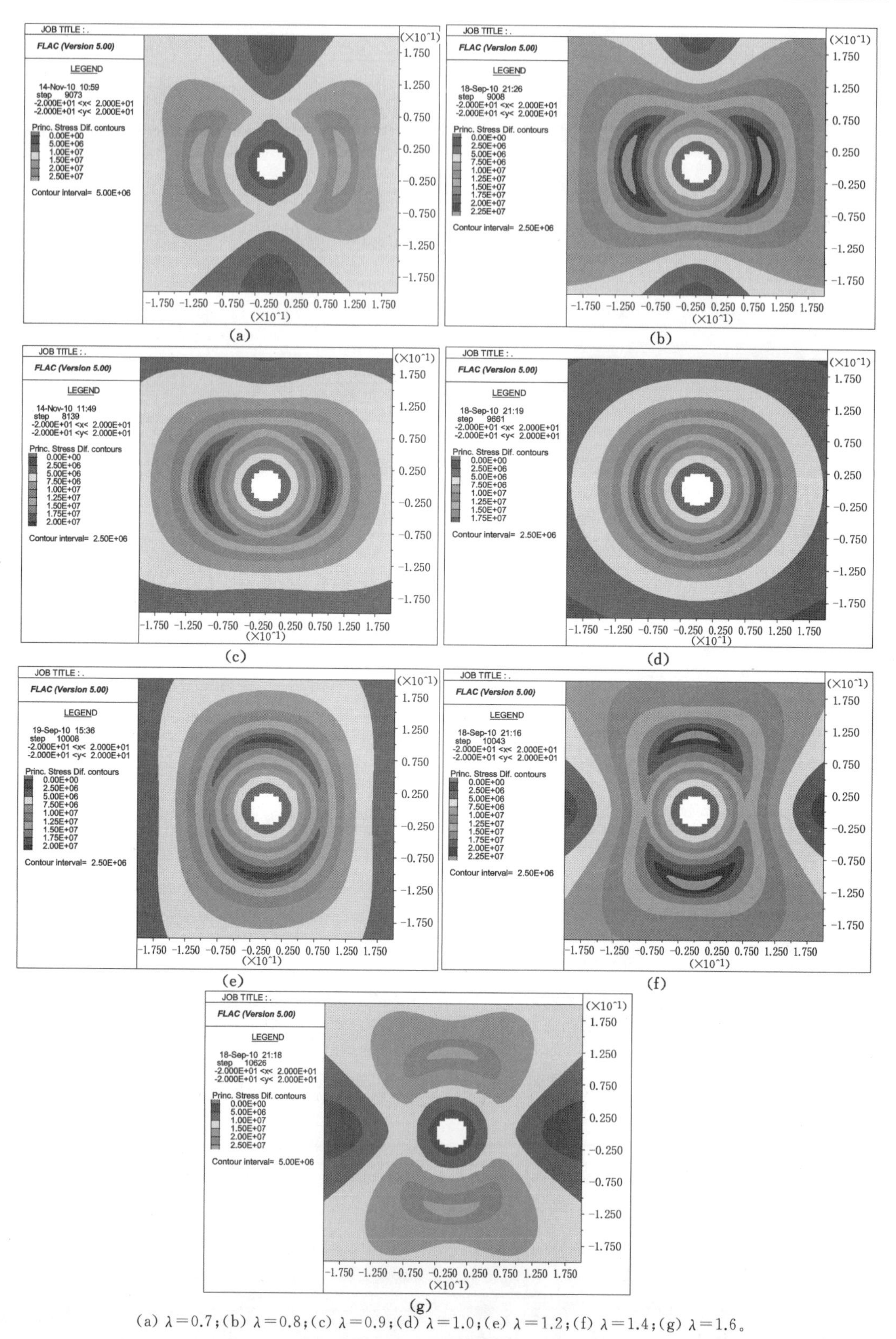

(a) $\lambda=0.7$;(b) $\lambda=0.8$;(c) $\lambda=0.9$;(d) $\lambda=1.0$;(e) $\lambda=1.2$;(f) $\lambda=1.4$;(g) $\lambda=1.6$。

图 4-20　不同侧压系数下圆形巷道围岩主应力差分布

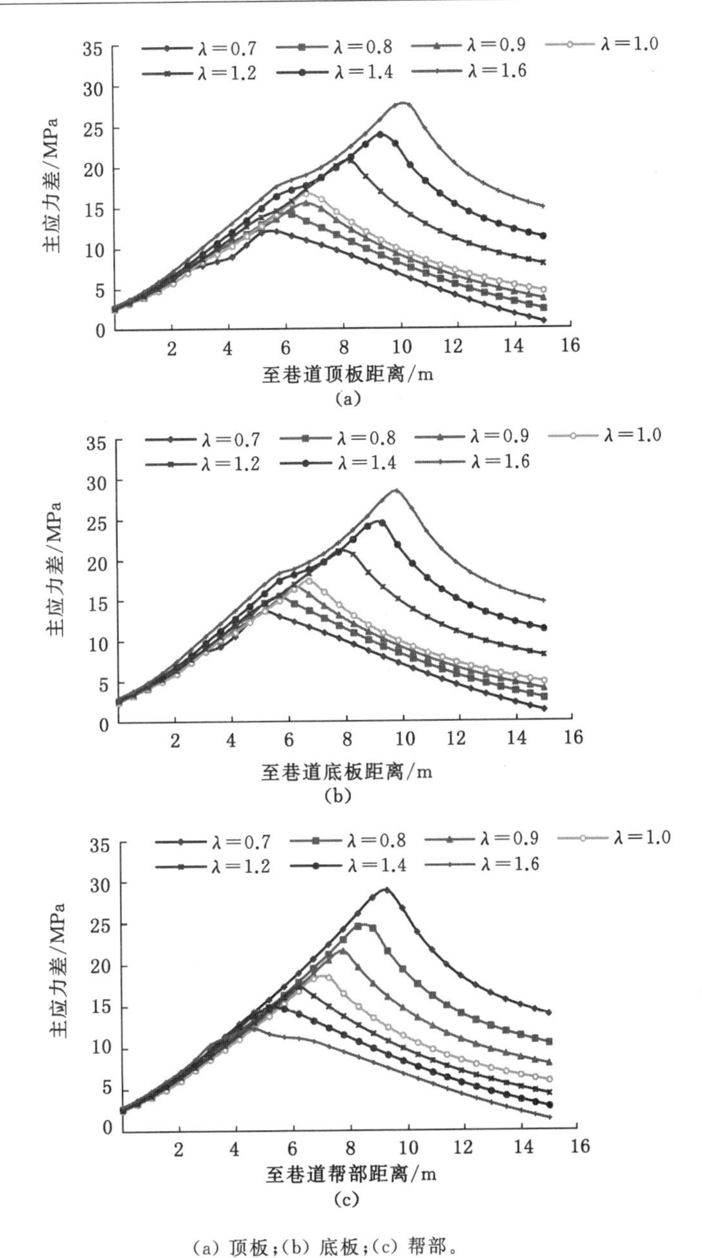

(a) 顶板；(b) 底板；(c) 帮部。

图 4-21　不同侧压系数下圆形巷道不同部位围岩主应力差分布

29.0 MPa 左右；主应力差峰值对应的位置距帮部分别为 7.0 m、7.5 m、8.0 m 和 9.0 m 左右。

③ 随 λ 减小，即随着垂直应力增大，主应力差峰值位置在垂直方向远离巷道帮部，这与围岩塑性区分布范围在水平方向上持续增大吻合。

综合不同侧压系数对巷道围岩塑性区分布和围岩主应力差分布影响规律可得出：当水平应力较大时，垂直方向塑性区发育范围较水平方向塑性区发育范围大且主应力差峰值出现于垂直方向，因此要尽量减小垂直方向的塑性区和主应力差，以降低巷道顶底板的位移，此时巷道合理的断面形状为长轴在水平方向的椭圆形；同理，当垂直应力较大时，合理的巷道断面形状为长轴在垂直方向的椭圆形。

4.2.3 侧压系数对巷道变形的影响

不同侧压系数下圆形巷道围岩的变形规律如图 4-22 所示，据此得出如下规律：

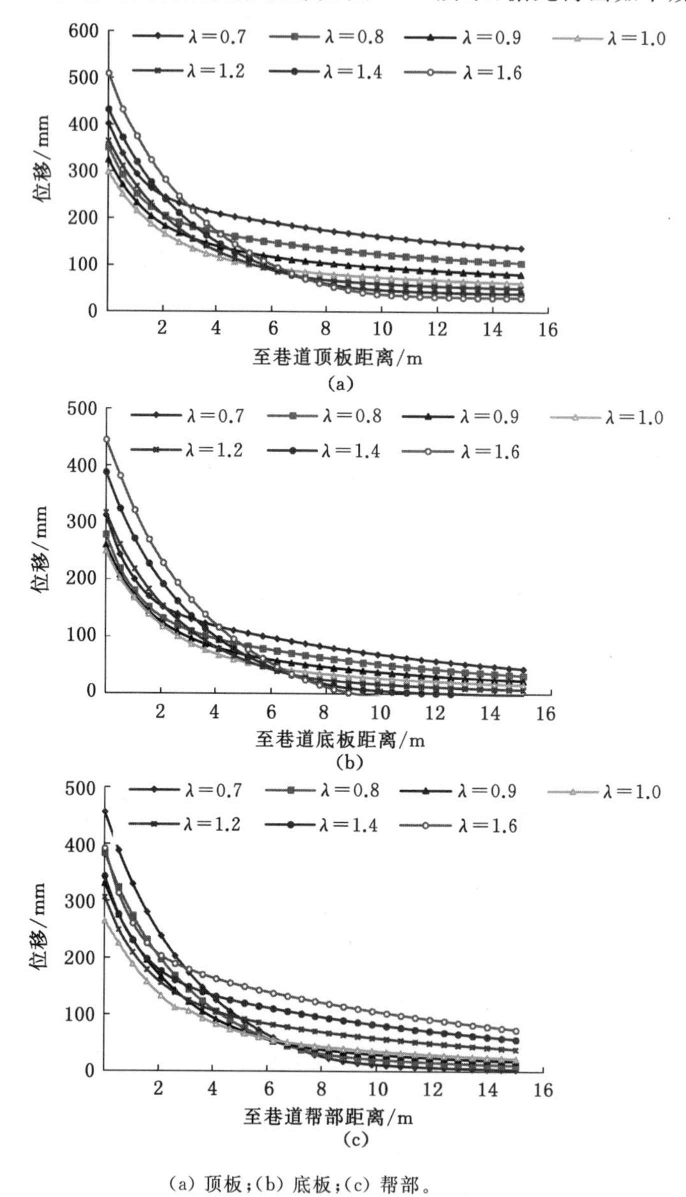

(a) 顶板；(b) 底板；(c) 帮部。

图 4-22 不同侧压系数下圆形巷道围岩位移分布

(1) 巷道表面及深部位移主要集中在巷道周边 6.0 m 范围内，6.0 m 外深部围岩的位移则较小。

(2) 当 $\lambda>1$，即水平应力大于垂直应力时，随 λ 增大，围岩表面及深部位移均呈明显递增趋势。顶底板位移及其增幅较帮部位移及其增幅要大，即水平应力对顶底板的影响大于对帮部的影响。

(3) 当 $\lambda<1$,即水平应力小于垂直应力时,随 λ 减小,围岩表面及深部位移均呈明显递增趋势。帮部位移及其增幅较顶底板位移及其增幅要大,即垂直应力对帮部的影响大于对顶底板的影响。

综合分析以上规律,从控制围岩变形的角度考虑,当 $\lambda>1$ 时,长轴在水平方向的椭圆形巷道对围岩应力有较好的适应性。同理可知,当 $\lambda<1$ 时,长轴在垂直方向的椭圆形巷道对围岩应力有较好的适应性,垂直应力增加对帮部的影响大于对顶底板的影响。这也验证了不同侧压系数对巷道围岩塑性区分布和主应力差分布的影响规律。

上行开采顶板巷道在超前支承压力和侧向支承压力影响下,其侧压系数 λ 普遍小于 1,其等效开挖断面为长轴在垂直方向的椭圆形断面。而实际工程中巷道多为半圆拱形断面,底板的低效加固区范围较静水压力条件下明显增大,低效加固区范围越大,巷道周边产生的变形就越大,在采动期间强动压作用下,巷道底板强烈鼓起。底鼓是动压巷道围岩变形极为显著的特征之一,过大的底鼓量会进一步影响帮顶的稳定,从而导致围岩承载结构失稳。

加固底板以控制采动巷道变形、提高围岩稳定性是广泛实施的支护方法。但由于技术手段和参数设计不合理,加固深度较浅,仅对属于围岩承载结构内部的低效加固区进行了加固,大多不能满足支护要求。因此,在工程实践中,常规的底板注浆加固手段不能有效控制采动巷道变形。合理的底板加固不仅要考虑底板低效加固区范围,还要使加固范围进入围岩支护协调的承载环,加固深度需要 4.0～6.0 m;而且必须进一步创新底板加固手段、装备和工艺,才能满足这一要求。

4.3　围岩强度对巷道稳定性的影响

巷道开挖后,围岩强度是影响巷道围岩稳定性的主要因素之一。因此,针对巷道顶板、帮部和底板分别选取如表 4-2 所示的参数,为使巷道所处的围岩类型具有可比性,组合形成不同数值模拟方案。为了简化叙述,采用编码代替方案号:顶板—R;帮部—S;底板—F;H—围岩强度高;L—围岩强度低。如 RHSLFL 意义为:巷道顶板强度较高,帮部和底板强度均较低。共形成八种模拟方案。仍采用有代表性的圆形巷道,对围岩塑性区的分布进行比较,模拟结果如图 4-23 所示。

表 4-2　岩体的物理力学参数

密度 /(kg/m³)	体积模量 /MPa	剪切模量 /MPa	内摩擦角 /(°)	抗拉强度 /MPa	内聚力 /MPa	围岩强度
2 500	1 670	769	26	0.6	0.4	低
2 500	2 330	1 080	30	1.0	0.8	高

采用控制变量法分析不同顶板、帮部和底板围岩条件下塑性区分布范围大小,结果如下:

(1) RLSLFL>RLSHFL>RLSHFH>RHSHFH;

(2) RLSLFL>RLSLFH>RLSHFH>RHSHFH;

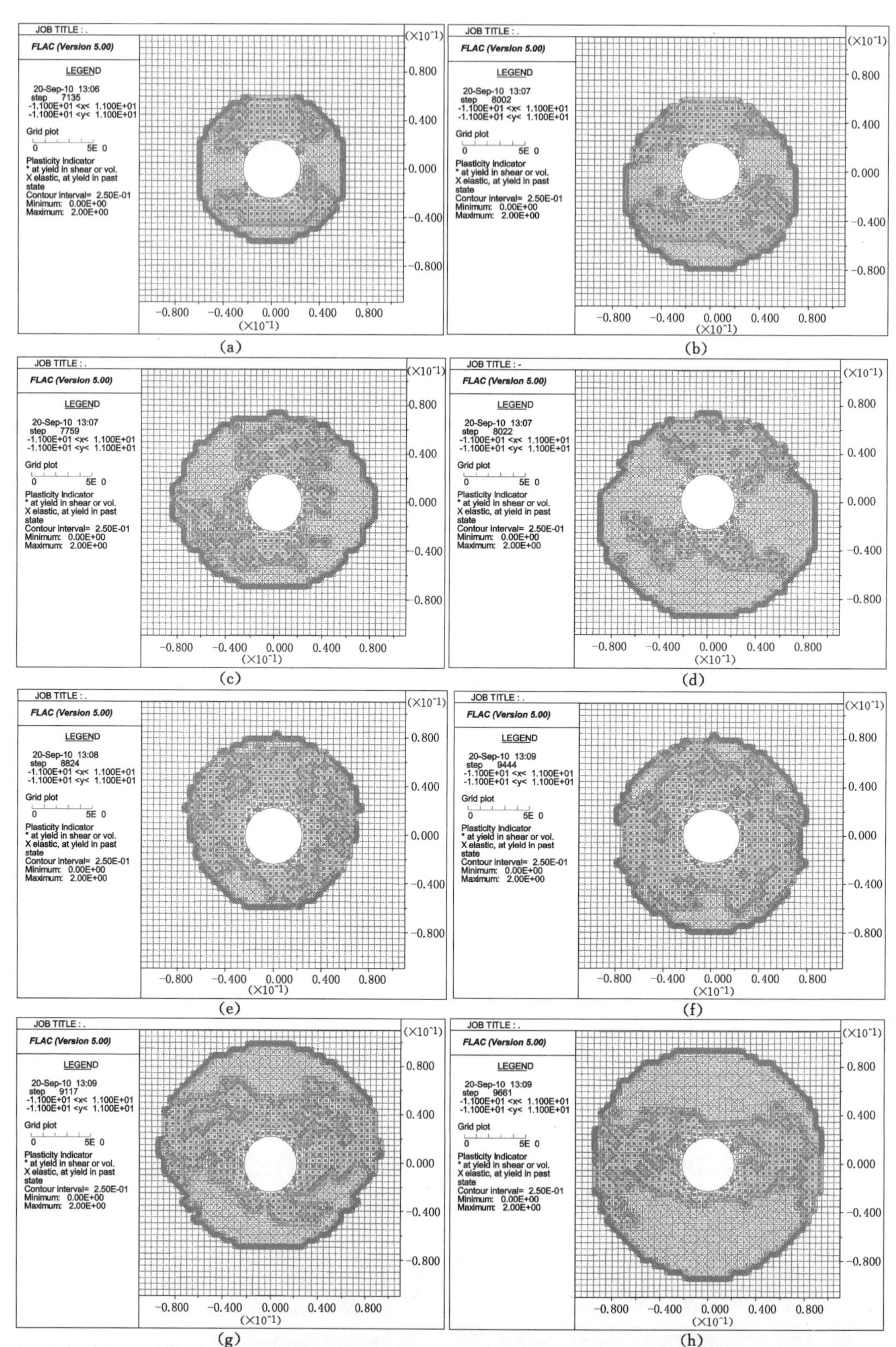

(a) RHSHFH；(b) RHSHFL；(c) RHSLFH；(d) RHSLFL；(e) RLSHFH；(f) RLSHFL；(g) RLSLFH；(h) RLSLFL。

图 4-23　不同围岩条件下围岩塑性区分布

(3) RLSLFL>RHSLFL>RHSLFH>RHSHFH；

(4) RLSLFL>RLSLFH>RHSLFH>RHSHFH；

(5) RLSLFL>RHSLFL>RHSHFL>RHSHFH；

(6) RLSLFL>RLSHFL>RHSHFL>RHSHFH。

对比不同围岩条件下围岩塑性区大小，发现顶强帮强底强的条件下塑性区范围最小[图 4-23(a)]，而顶弱帮弱底弱的条件下塑性区范围最大[图 4-23(h)]。当巷道围岩强度相等时，围岩塑性区沿各向均匀扩展；围岩强度高，塑性区小，围岩变形量小，巷道稳定性高。当巷道围岩强度不等时，塑性区非均匀扩展；塑性区在岩性较弱部位扩展范围较大，强度较低的弱化区形成的塑性区向围岩深部转移，且扩展的范围更大，应力集中区也一起向深部转移，从而形成恶性循环，使弱化区产生过量的变形。必须有针对性地对围岩弱化区进行补强，通过注浆提高破碎围岩的强度，实现围岩塑性区均匀扩展，从而减小围岩的变形，提高巷道的稳定性。

4.4　支护结构对巷道稳定性的影响

我国煤矿井下地质条件十分复杂，锚杆支护受到限制，特别是受动压影响的巷道，其矿压显现剧烈、帮部变形量大、底鼓严重等，即巷道围岩呈现大变形、难支护的特点，单一锚杆支护的巷道存在很大安全隐患。动压巷道以主被动的组合支护为主，其中 U 型钢可缩性支架被广泛采用，但开放式的拱形结构不适应动压巷道全断面来压的应力环境，U 型钢可缩性支架扭曲、折断和倒棚时有发生(图 4-24)。

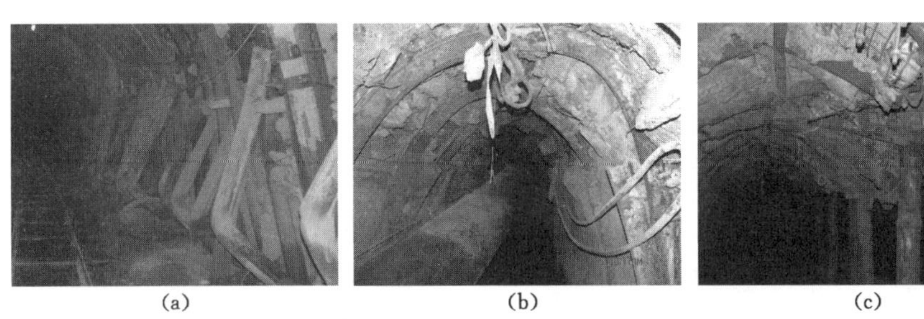

(a)　(b)　(c)

(a) L 形折断；(b) S 形扭曲；(c) V 形破坏。

图 4-24　U 型钢可缩性支架变形破坏情况

U 型钢可缩性支架与围岩是一对相互作用的共同体，其不良的接触关系必然使支架受到不均匀的载荷作用，从而导致支架在较小的集中载荷下失稳破坏，给围岩提供的支护阻力变小，发挥不了支架整体承载能力，进而使围岩在更大的范围产生膨胀变形和结构变形，降低了围岩的自承能力。

锚杆护帮约束 U 型钢可缩性支架棚可改善支护体与围岩的接触关系。因此，开展锚杆护帮约束 U 型钢可缩性支架棚支护及其与围岩关系的研究十分重要。

4.4.1　支架主要破坏形式及特点分析

U 型钢可缩性支架主要有下述三种破坏形式。

（1）顶梁扁平和V形破坏，巷道围岩变形以顶板下沉为主

巷道顶部压力大时，顶梁沿棚腿下滑至一定程度，受到棚腿和卡缆的限制而不能继续滑动；顶板下沉量持续增大，顶梁在拱顶部位产生的弯矩不断增大，从而导致顶梁被压平甚至出现V形破坏；同时，在顶梁与棚腿连接处形成应力集中，使连接件开裂破坏，顶板下沉量急剧增加。

（2）棚腿的L形破坏，巷道围岩变形以两帮变形为主

棚腿部位遭受很大的侧向压力，在一侧或两侧发生L形弯曲变形。棚腿上部向巷道内移动，与围岩分离，对围岩的支护阻力急剧降低，从而造成巷道围岩位移增大，断面收缩。

（3）支架的S形和不规则形扭曲破坏

由于空帮、空顶、肩压等因素存在，支架载荷不均，其承载能力低，巷道围岩变形更趋复杂。如U型钢可缩性支架发生局部扭曲，甚至整体变形或倾倒，呈现出不规则的S形破坏，围岩控制效果差，围岩变形量大，断面收缩严重。

因此，需要利用井下常用的两种架棚方式处理动压巷道帮部侧压问题。第一种为半圆拱架U型钢可缩性支架棚，第二种为三心拱架U型钢可缩性支架棚，研究手段为FLAC数值模拟。

4.4.2 模拟方案

模拟方案如图4-25所示。

方案一：半圆拱架U型钢可缩性支架棚（腿部外扎角）；方案二：三心拱架U型钢可缩性支架棚；方案三：三心拱架U型钢可缩性支架棚，两帮均用两根锚杆锁腿，锁腿的同时补偿帮部的应力，锚杆预紧力为50 kN；方案四、五、六同方案三，但锚杆预紧力分别为100 kN、150 kN、200 kN。

模型中U36型钢可缩性支架采用beam单元模拟，支架材料屈服强度为520 MPa，抗弯截面模量为137 cm^3，支架的屈服弯矩为71 240 N·m；锚杆采用cable单元模拟，长度为3.0 m，模拟采用屈服强度为540 MPa的Ⅳ级左旋螺纹钢加工成的超高强锚杆。

4.4.3 支护体载荷分布及围岩变形分析

4.4.3.1 支护体载荷分布

各种支护形式支护体最大轴力和弯矩见表4-3。

表4-3 巷道支护体最大轴力和弯矩

方案	支架最大弯矩/（N·m）	支架最大轴力/N	锚杆最大轴力/N	锚杆预紧力/kN
方案一	77 870	228 500	—	—
方案二	−26 880	54 450	—	—
方案三	59 510	228 500	11 510	50
方案四	62 390	228 500	17 320	100
方案五	68 160	228 500	19 800	150
方案六	108 800	228 500	1 148	200

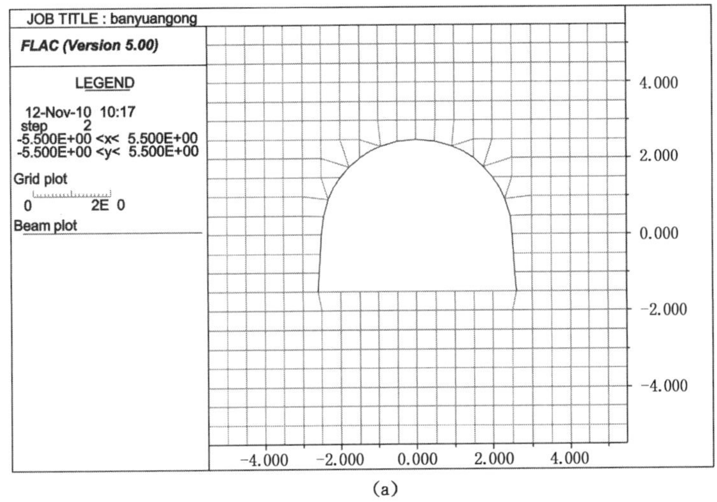

(a)

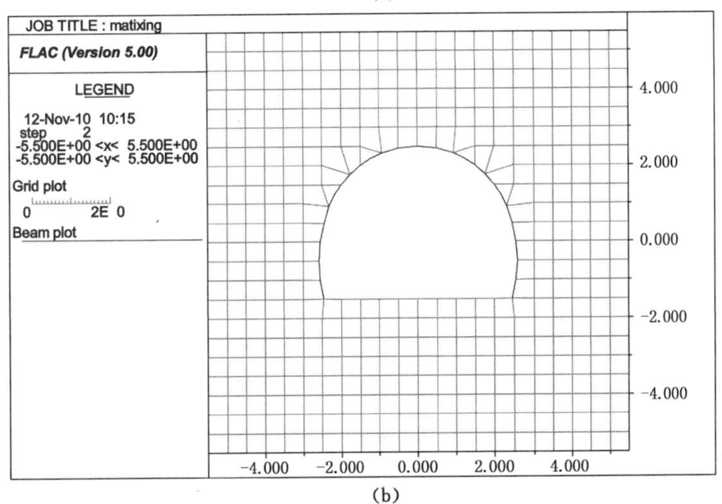

(b)

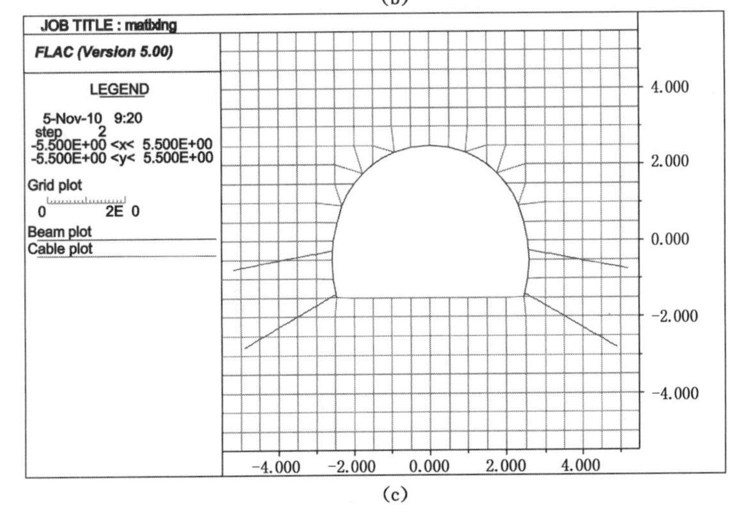

(c)

(a) 外扎角架棚；(b) 三心拱未锁腿；(c) 三心拱锚杆锁腿。

图 4-25　模拟方案

由表 4-3 可见，采用外扎角架棚，当两帮来压时，支护体在巷道两个底角处于相对约束的状态，支护体在适应围岩变形的同时，对围岩施加支护阻力限制围岩变形；最大弯矩发生在支护体帮部，为 77 870 N·m，超过屈服弯矩，棚腿发生扭曲变形，架棚稳定性变差。

三心拱采用单一架棚时，棚腿在巷道底角无固定约束，由于支架在两帮棚腿背后形成的壁后空间大，两帮来压时，围岩首先与架棚在拱肩接触，挤压架棚向巷道内侧移动，从而导致棚腿不能与两帮围岩接触，棚腿悬空；两帮变形量大，并在拱顶产生－26 880 N·m 的弯矩，进而使拱顶产生尖顶现象，支护体的承载能力受到极大的影响，其承载能力不能有效发挥，仅在棚拱顶对围岩产生较小的支撑力，最大轴力为 54 450 N，仅为方案一的 1/4。随着棚腿悬空和尖顶的发展，架棚扭曲失稳。

巷道两帮分别采用 2 根 3.0 m 长的锚杆对架棚进行锁腿，棚腿部位处于约束状态；与此同时，巷道帮部围岩的应力得到补偿，当锚杆预紧力分别为 50 kN、100 kN、150 kN 时，锚杆处于高阻让压的工作状态，最大轴力分别达 11 510 N、17 320 N、19 800 N，限制架棚棚腿向巷道内移动，支架的轴力迅速提高，实现了支架高轴力的支撑效果，优化了支护体的弯矩，最大弯矩分别为 59 510 N·m、62 390 N·m、68 160 N·m，均小于支架的屈服弯矩，支护体的稳定性和承载能力得到明显改善。

支架的最大弯矩随着锚杆预紧力的增大而升高(图 4-26)。但是当锚杆预紧力超过 150 kN时，锚杆的可延伸率大大降低，加上软弱岩层可锚性差，锚杆不能变形让压，出现失锚，锚杆轴力迅速降低，架棚棚腿部失去约束，架棚稳定性降低，控帮效果差，棚腿弯矩达到并超过其屈服弯矩。因此，要合理选择锚杆的预紧力。不同支护方案支护体弯矩和轴力分布分别如图 4-27 和图 4-28 所示。

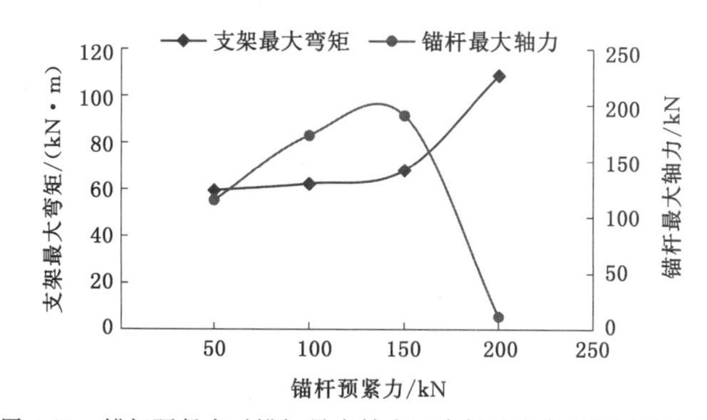

图 4-26　锚杆预紧力对锚杆最大轴力和支架最大弯矩的影响曲线

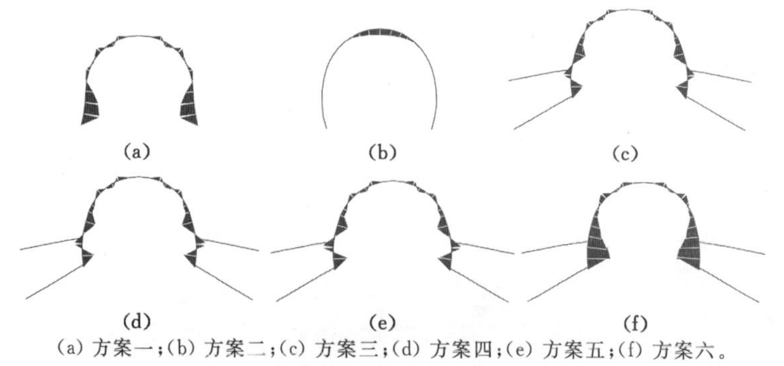

(a) 方案一；(b) 方案二；(c) 方案三；(d) 方案四；(e) 方案五；(f) 方案六。

图 4-27　不同支护方案支护体弯矩分布

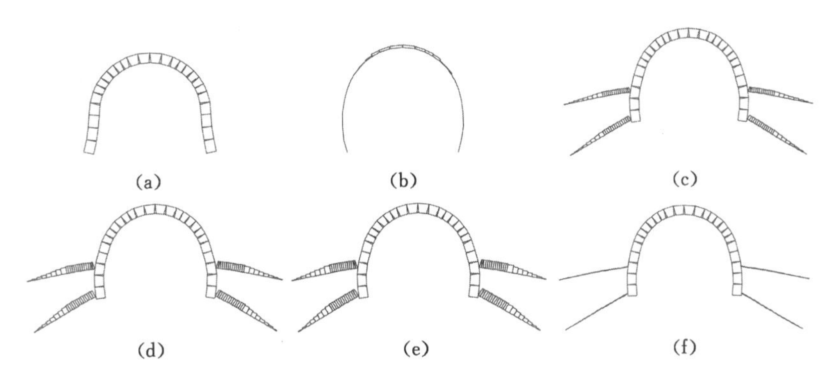

(a) 方案一;(b) 方案二;(c) 方案三;(d) 方案四;(e) 方案五;(f) 方案六。

图 4-28 不同支护方案支护体轴力分布

4.4.3.2 围岩变形分析

不同支护围岩关系,围岩具有不同位移特征。模型的监测结果见表 4-4。

表 4-4 巷道周边最大位移 单位:mm

方　案	顶板下沉量	底鼓量	左帮移近量	右帮移近量
方案一	227.1	498.0	240.1	240.1
方案二	283.3	490.1	283.2	291.7
方案三	224.7	242.4	165.6	166.2
方案四	215.1	225.6	157.4	155.1
方案五	209.1	223.9	152.2	153.0
方案六	275.1	347.8	251.9	251.9

当采用三心拱未锁腿支护方案(方案二)时,围岩变形量很大,巷道断面收敛严重;而采用外扎角架棚支护方案(方案一)时,与方案二相比,顶板下沉量和两帮移近量均明显降低,降幅分别为19.8%和16.5%,但底鼓量稍有增加;当采用三心拱架棚锚杆锁腿护帮支护方案(方案三,锚杆预紧力为50 kN)时,两帮和底板的变形量比方案二分别减少 42.3%、50.5%,但顶板下沉量减少不明显,围岩变形量相对较小。护帮锁腿锚杆使支护体与围岩耦合成一个整体,形成承载结构,可明显提高架棚巷道围岩的稳定性。

当锚杆预紧力由 50 kN 增大到 150 kN 时,顶板、两帮及底板的变形量继续减小。当锚杆预紧力为 200 kN 时,由于锚杆的可延伸率很小、岩层可锚性差,锚杆锚固体失效,承载能力急速衰减,从而造成架棚失稳,围岩变形量增大。

因此,使用架棚支护,采用锚杆护帮锁腿措施,并施加合理的预紧力,可提高支护体的载荷、优化弯矩的分布以及补偿帮部围岩应力,在保证充分发挥支护体承载能力的同时保持支护体的稳定性,从而有效地控制巷道围岩的变形。

5 上行开采顶板巷道稳定性控制原理及关键技术

基于前文顶板岩层区划，采用物理模拟分析上行开采顶板不同区域巷道的破坏特征及稳定性，结合上行开采采动应力分布规律、裂隙时空演化规律以及顶板巷道稳定性影响因素，形成了上行开采顶板巷道稳定性控制原理，提出顶板不同区域巷道的针对性控制对策，以及关键控制技术。

5.1 上行开采顶板巷道破坏特征

上行开采上覆岩层移动及顶板巷道破坏状况如图 5-1 所示。

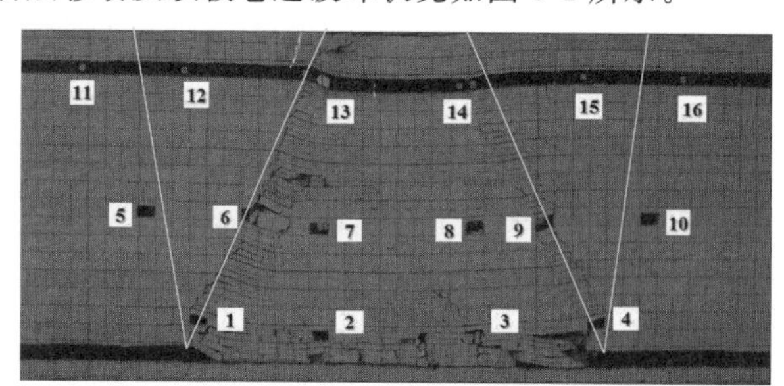

图 5-1　上行开采上覆岩层移动及顶板巷道破坏状况

基于顶板巷道围岩不同破坏特征及稳定性的顶板岩层区划如图 5-2 所示，上覆岩层破坏区域分为Ⅰ区、Ⅱ区、Ⅲ区、Ⅳ区和Ⅴ区，顶板不同区域巷道有如下破坏特征：

（1）Ⅰ区以拉破坏为主，巷道表现为强烈的顶板垮落及底板鼓起，围岩严重损毁，锚杆支护不能维持巷道空间，物理模型中 50 mm×35 mm 的巷道几乎完全损毁，即与之对应的实际工程尺寸为 5 000 mm×3 500 mm 的巷道完全破坏垮落，如图 5-3(a)所示。

（2）Ⅱ区以剪拉破坏为主，岩层具有分组不均匀下沉的特征，下组岩层下沉带动上组岩层移动，巷道若布置在分组下沉区域内，则围岩裂隙明显减少。但该区域巷道围岩采动损伤仍较严重，巷道空间可维护，但顶板容易垮冒，整体稳定性较差，破坏以剪拉破坏为主，如图 5-3(b)所示。

（3）Ⅲ区岩体表现为岩层整体下沉，分层剪切错动程度进一步降低，布置在其中的巷道受采动影响较小，巷道围岩变形破坏不明显，使用锚杆支护可以收到比较理想的效果，如图 5-3(c)所示。

（4）Ⅳ区以剪切破坏为主、拉破坏为辅，巷道顶底板发生整体的剪切错动，并向采空区侧倾斜。在锚杆支护和无支护条件下巷道均表现为严重破坏，巷道残余空间小，稳定性差，巷道变形量达到其断面尺寸的一半，如图 5-3(d)所示。

(5) Ⅴ区以剪切破坏为主，受支承压力的强烈影响，围岩应力高，处于受压状态。由于物理模拟工作面在推进过程中受巷道尺寸效应的影响，应力增高区的巷道均未表现出明显的宏观变形和破坏特征。但煤岩变形和应力监测结果表明，此区域岩层长期处于高应力环境中并产生压缩变形，韧性岩层发生塑性变形，因此该区域布置的巷道维护十分困难，如图 5-3(e)所示。

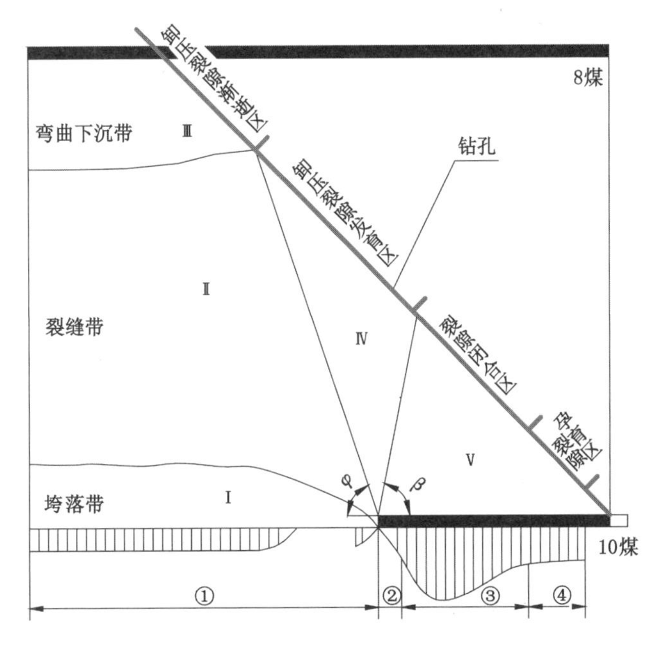

①——卸压区；②——应力过渡区；③——增压区(剧烈段)；④——增压区(缓和段)。

图 5-2　上行开采顶板岩层区划

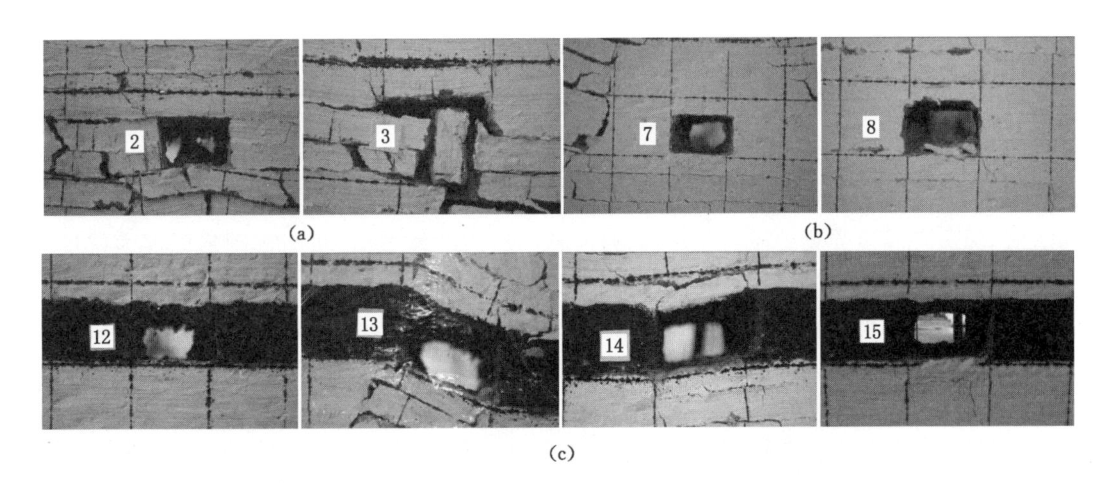

图 5-3　上行开采顶板不同区域巷道破坏情况

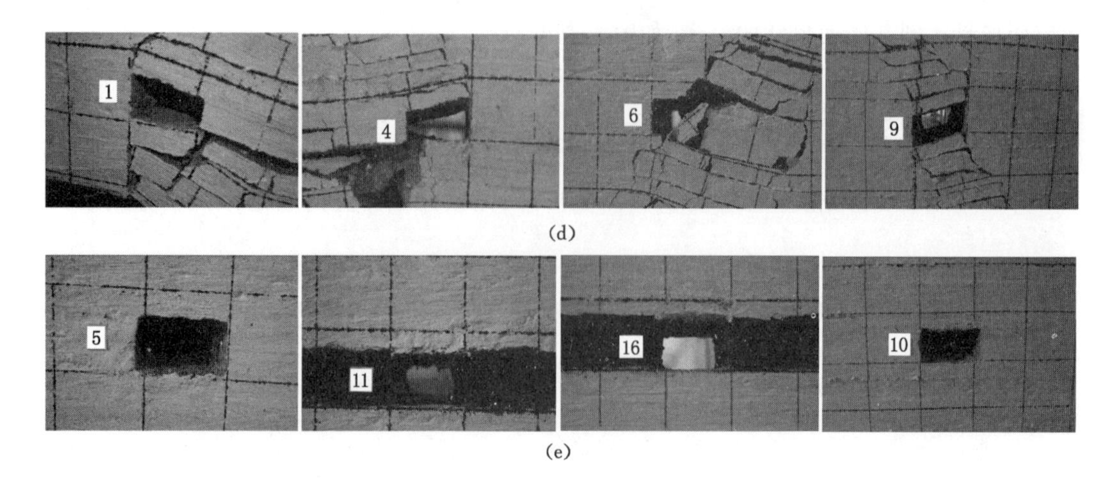

(d)

(e)

(a) Ⅰ区巷道破坏状况及特点;(b) Ⅱ区巷道破坏状况及特点;(c) Ⅲ区巷道破坏状况及特点;
(d) Ⅳ区巷道破坏状况及特点;(e) Ⅴ区巷道破坏状况及特点。

图 5-3(续)

5.2 上行开采顶板巷道稳定性控制原理

通过上行开采上覆岩层采动应力的演化规律研究、上覆岩层裂隙时空演化规律研究、顶板巷道稳定性影响因素分析可知:围岩应力升高,围岩表面及深部位移均呈明显递增趋势,巷道的稳定性逐渐恶化;巷道围岩裂隙发育,围岩强度弱化,极度弱化部位围岩变形将导致承载结构失稳;离开采煤层距离越近,巷道受采动影响程度越高;等效开挖断面可以优化围岩应力分布,能最大限度提高支护能效,限制围岩变形,提高围岩的稳定性;在采动影响期间顶板巷道的破坏具有分区特征,其矿压显现阶段性滞后响应上覆岩层活动。

因此,上行开采顶板巷道稳定性控制应该从巷道空间布置方式、围岩强度、围岩应力、施工时机、巷道断面、支护结构、支护技术等方面考虑。

(1) 选择巷道合理空间布置方式

合理空间布置可以使顶板巷道受采动的影响变小,处于应力降低、裂隙不发育和岩性较好的环境中,确保巷道维护状况良好。巷道合理空间布置可由以下两个方面确定。

第一,选择合理平距:顶板巷道与开采煤层的回采巷道存在着内错、对齐和外错三种布置方式,为避免巷道受集中应力作用,同时避开卸压裂隙发育区(可引起围岩强度大幅度弱化),条件许可时,尽量内错布置巷道,使其位于应力降低Ⅱ区或Ⅲ区中。

第二,选择合理法距:顶板巷道与开采煤层的垂直距离设置合理,在满足巷道功能的前提下,尽量增大巷道与开采煤层的垂直距离,以减少所受开采煤层采动的影响。

(2) 确定巷道施工时机

现场实测表明,上覆岩层活动具有阶段性特征,第一阶段为活动剧烈期,以裂缝带内岩层活动为主,持续时间约为 90 d;第二阶段为活动缓和期,以弯曲下沉带内岩层活动为主(约持续 75 d);之后为岩层活动稳定期。受采动影响的巷道呈阶段性滞后响应,约滞后上覆岩层 15 d 稳定。不同阶段对应巷道不同的矿压特征,应避免在采动覆岩运动与应力调整剧烈期新掘巷道,选择上覆岩层活动缓和期和稳定期掘进巷道,从而利于巷道维护。

(3) 优化巷道断面，减小低效加固区范围，从而保证巷道最小加固深度

低效加固区松动变形显著影响巷道周边位移。低效加固区范围越大，在巷道周边产生的变形量就越大；反之亦然。当巷道消除低效加固区即等效开挖时，巷道周边产生的位移最小，巷道断面适应性强。等效开挖半径相同时，曲线形巷道比折线形巷道稳定性高。利用好等效开挖断面原理是发挥支护能效、提高巷道稳定性的一个重要途径。

根据有关等效开挖、低效加固区和应力环境（即不同侧压系数）的研究成果，得出圆形或椭圆形是最理想的巷道断面，建立了如下力学模型（应力条件分为三类：$\sigma_y=\sigma_x$，$\sigma_y>\sigma_x$，$\sigma_y<\sigma_x$），如图 5-4 所示。

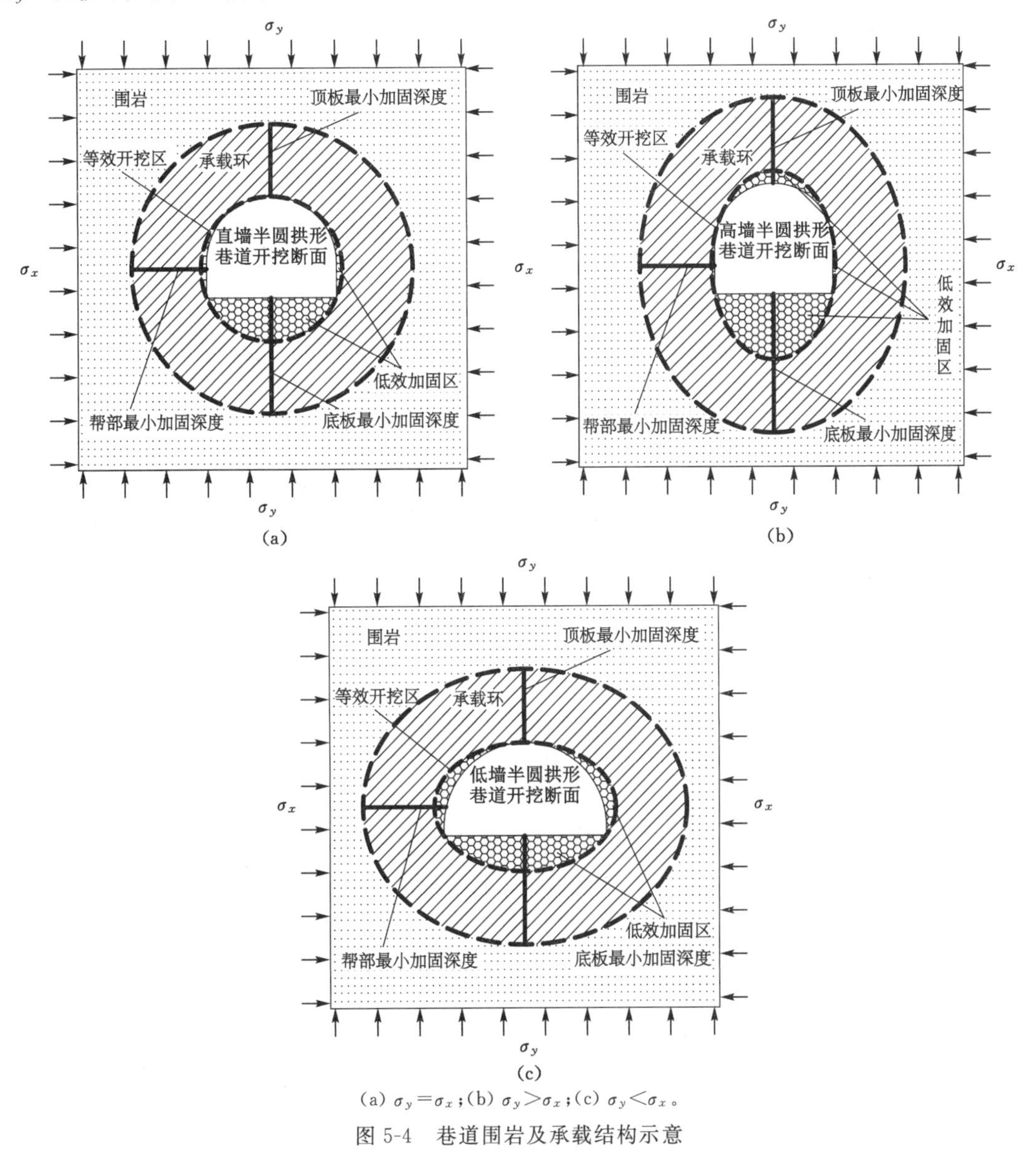

(a) $\sigma_y=\sigma_x$；(b) $\sigma_y>\sigma_x$；(c) $\sigma_y<\sigma_x$。

图 5-4　巷道围岩及承载结构示意

在实际选择顶板巷道断面过程中，要考虑巷道功能以及服务年限。服务年限越长，对生产越重要的巷道越需要更高的工程质量。如大巷、上山、卸压煤层底板抽采巷等功能性巷

道，在下伏煤层采动影响剧烈期，要综合围岩岩性、裂隙发育状况和围岩的应力环境等因素，选择巷道使用期间所需要的断面，即选择接近其等效开挖断面的曲线形断面，保证巷道最小加固深度；回采巷道在下伏煤层采动影响趋于稳定状态开挖时，可以选择矩形断面；与开采煤层垂直距离较远、受采动影响较小的巷道可以选用常规的巷道断面。

(4) 提高围岩强度和支护结构稳定性

采动期间，在围岩应力场及裂隙场动态变化过程中，围岩强度弱化，自身承载能力明显降低，单一支护方式难以适应强动压巷道的变形特征，支护结构的薄弱环节易被强动压各个击破，从而导致巷道失稳；需结合多种支护手段，实现不同支护方式的耦合承载，提高围岩强度和支护结构的稳定性。

(5) 匹配合理的支护，实现分区强化控制

上行开采顶板巷道围岩条件十分特殊，在动压作用下围岩损伤严重，其力学性能明显降低。物理试验也表明，在工作面顶板强烈回转下沉作用下，锚杆支护难以保证顶板巷道稳定，易导致巷道冒顶或压垮。增大锚固范围，积极主动强化顶帮围岩承载结构，阻止顶板进一步松动，配合注浆加固、U型钢可缩性支架支护，必要时结合U型钢壁后注浆加固，能有效维护顶板安全稳定，实现巷道的长期维护。

因此，上行开采顶板巷道采用锚架注支护模式，针对上行开采顶板岩层5个区内的巷道，实施分区强化控制，根据采动影响程度的不同，提出如下控制对策：

① Ⅰ区巷道以拉破坏为主。强烈的顶板垮落及底板鼓起，使围岩严重损毁，任何方式的支护均无法维护巷道。

② Ⅱ区巷道以剪拉破坏为主。采动后覆岩处于卸压区，在覆岩稳定后开挖巷道，围岩虽然比较破碎，但是应力较低，巷道可维护，采用锚杆索支护即可，必要时采用注浆加固围岩或锚架联合支护。若采动前布置巷道，则巷道先受超前支承压力作用，然后进入卸压区，围岩变形以超前支承压力影响为主，巷道稳定性差，采用锚架联合支护，必要时注浆加固围岩。

③ Ⅲ区巷道受采动影响很小。采动前或采动后布置的巷道，均比较容易维护，在保证顶板安全的前提下，采用锚杆索支护即可保障巷道稳定，必要时采用锚架联合支护。

④ Ⅳ区巷道以剪切破坏为主、拉破坏为辅。垂直应力不高，但是剪切应力集中程度很高，巷道向采空侧倾斜，剪切错动严重，巷道在采动前或采动后布置均受到高剪切应力的作用；裂隙十分发育，围岩极其破碎，巷道严重破坏，表现为全断面来压；必须采用锚架注联合支护方式，必要时采用封闭式支架，构建闭式承载结构才能维持巷道的长期稳定。

⑤ Ⅴ区巷道以剪切破坏为主。受支承压力的强烈影响，围岩应力高，处于受压状态，巷道在采动前或采动后布置，均处在高应力的环境中，表现为底板来压。巷道围岩控制应该以底板为主，采用钻锚注一体化支护技术。

5.3 上行开采顶板巷道稳定性控制关键技术

顶板不同区域巷道的强化控制主要通过新型“三高”锚杆强化支护技术、U型钢支护技术、巷道围岩注浆加固技术以及底板钻锚注一体化支护技术等关键技术实现。

5.3.1 新型“三高”锚杆强化支护技术

5.3.1.1 技术原理

煤矿锚杆支护技术的发展已经不再单纯强调锚杆的强度，综合强化锚杆支护的承载特性是锚杆支护的发展方向，其本质是促使锚杆支护特性曲线具有及时早强速增阻的特性，如图 5-5 所示。

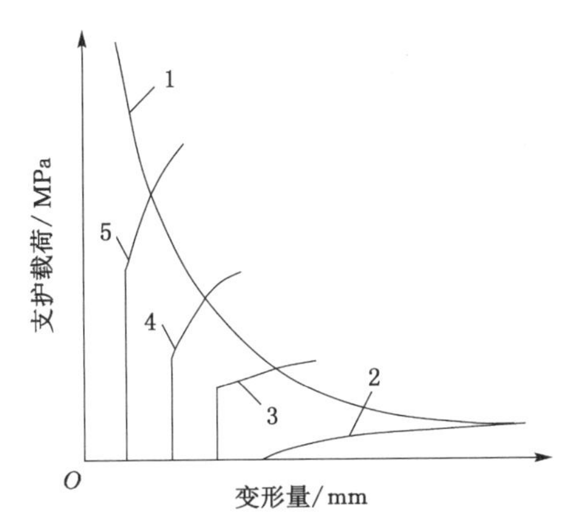

1——典型的支护围岩关系曲线；2——传统支护特性曲线；3——高强锚杆支护特性曲线；
4——高性能锚杆支护特性曲线；5——高系统刚度的锚杆支护特性曲线。

图 5-5 支护阻力与围岩变形关系

支护的滞后常常产生松动变形。及时安装的高预紧力锚杆提供初期的支护阻力可消除掘巷煤岩体松动变形，高刚度的护表材料及锚杆附件可促使锚杆在后续围岩变形过程中实现高增荷特性，迅速达到高工作载荷，限制后续的围岩变形，锚杆工作载荷如图 5-5 中曲线 5 所示；曲线 4 与曲线 5 相比不太强调护网、托盘和钢带等配件的整体支护效果；高强锚杆工作载荷如图 5-5 中曲线 3 所示，锚杆施工安装时间滞后，增荷速度慢，最终形成的工作载荷有所降低；传统支护工作载荷如图 5-5 中曲线 2 所示，支护在围岩充分松动变形以前不起作用，巷道掘进期间围岩变形量大，采动期间顶板松动、离层，甚至冒顶，必须先期注浆固结顶板。

上行开采顶板巷道矿压显现强烈，对初始支护强度有更高的要求，新型“三高”锚杆强化支护能更好地实现上行开采顶板巷道围岩控制。

(1) 高预紧力：锚杆预紧力对巷道稳定性具有决定性的作用。当锚杆预紧力达到 80～100 kN 时，锚固范围内顶板离层得以消除，顶板的垂直压力被转移到巷道两侧岩体深部，巷道两侧附近岩体的压力减小。

(2) 高强度：采用Ⅳ级左旋螺纹钢(屈服强度为 540 MPa)，高预紧力锚杆载荷很高，从而实现高阻让压的工作状态，限制围岩变形。

(3) 系统高刚度：保持初始工作载荷依赖于护表材料的性能，锚杆载荷向围岩的扩散和增荷速度依赖于增大护表构件的刚度和强度；护网、托盘和钢带的抗变形能力必须进一步升级，并适应强动压影响，达到高增阻限制变形的工作状况。

5.3.1.2　关键技术手段

（1）高性能超高强锚杆及其附件

巷道在动压影响期间，实现高预紧力、高强度和系统高刚度的主要技术手段就是在高预紧力的基础上将高性能预紧力锚杆升级为超高强锚杆，所谓超高强锚杆是指杆体材料屈服应力达到 540 MPa 以上、杆体抗拉载荷达到 200 kN 以上的锚杆。新型“三高”锚杆及其配套新型托盘如图 5-6 所示。

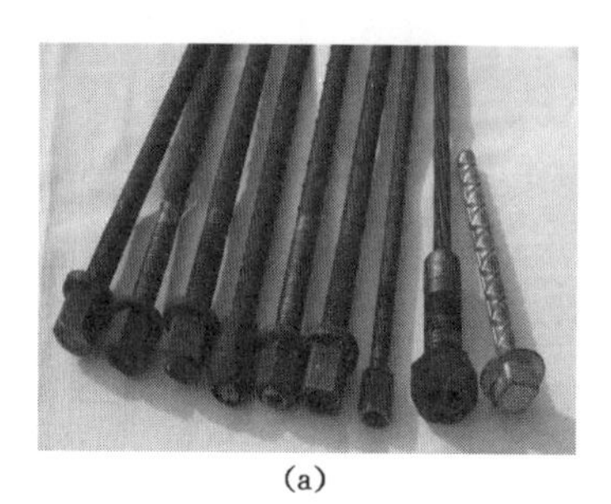

(a)

(b)

(a) 新型“三高”锚杆；(b) 锚杆配套新型托盘。

图 5-6　新型“三高”锚杆及其配套新型托盘

将锚杆材质从原来的Ⅱ级左旋无纵筋螺纹钢升级为Ⅳ级左旋无纵筋螺纹钢。Ⅱ级与Ⅳ级左旋无纵筋螺纹钢相比，直径同为 22 mm，屈服强度从 335 MPa 提高到 540 MPa，极限强度从 490 MPa 提高到 835 MPa，屈服载荷从 127 kN 提高到 205 kN，极限载荷从 186 kN 提高到 317 kN(表 5-1)。

表 5-1　不同级别锚杆杆体材料力学性能参数

锚杆杆体材料	公称直径 /mm	屈服强度 /MPa	极限强度 /MPa	屈服载荷 /kN	极限载荷 /kN	极限延伸率 /%	弹性模量 /GPa
Ⅱ级螺纹钢	22	335	490	127	186	18 *	200
Ⅲ级螺纹钢	22	400	570	152	217	16 *	200
Ⅳ级螺纹钢	22	540	835 *	205	317 *	12 *	200
Ⅴ级螺纹钢	18/25	735	935	187/361	238/459	8 *	200

注：* 表示不同钢厂不同批次的钢材指标略有差别。

在保证锚杆杆体强度高的同时，强调锚杆附件性能全面提升。锚杆载荷向围岩的扩散和增荷速度在很大程度上取决于护表材料的刚度和强度，因此，提高锚杆支护系统中配件的刚度和强度，使之与锚杆的性能相适应至关重要。高强塑料网、钢塑复合网、冷拔电弧网等高强度、高刚度护表材料可以解决软破岩体的网兜现象，提高支护结构的整体稳定性，防止锚杆松弛、锚固失效。

锚杆预紧力对巷道围岩稳定性具有决定性的作用，MQS90J2 型气动锚杆安装机(图 5-7)扭矩可达 1 200 N · m，是锚杆预紧力达到 80～100 kN 的重要保障。

（2）高预应力桁架

高预应力桁架由高强度钢绞线、槽钢、桁架连接器、锚具和锚固剂组成。其基本结构是：

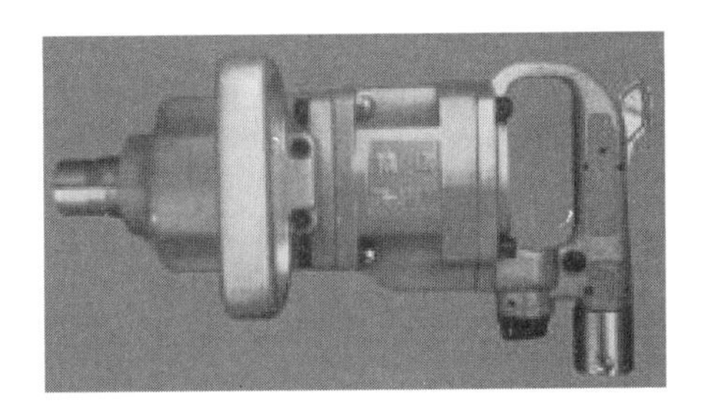

图 5-7　MQS90J2 型气动锚杆安装机

在顶板靠近两帮处倾斜布置两根钢绞线，将钢绞线锚固到巷道两肩窝深部稳定顶板岩层中，钢绞线下端穿过槽钢和桁架连接器，采用锚具将其锁紧，并通过专用张拉机施加一定的预紧力，使钢绞线和槽钢形成一个支护整体；可施加较大的预紧力，充分利用帮角挤压形成的稳定区域，强化巷道顶板承载结构强度和刚度，消除或减弱拉应力，使顶板由受拉应力状态逐渐进入受压应力状态，从而优化顶板围岩的微观应力场。当支护的预应力达到一定程度时，该桁架能形成预应力承载结构，具有高强度、高刚度和高稳定性的特点，能够实现外层结构的适应性让压，并在变形中保持结构整体稳定性，从而实现巷道顶板安全控制，从根本上控制巷道围岩变形，达到良好的支护效果；高预应力桁架对顶板条件复杂、跨度大的巷道也具有极高的应用价值。同时，利用帮部深部围岩变形小的特点，可以将高预应力桁架灵活应用到巷道的帮部，控制帮部薄弱区的大变形，如图 5-8 所示。

(a)

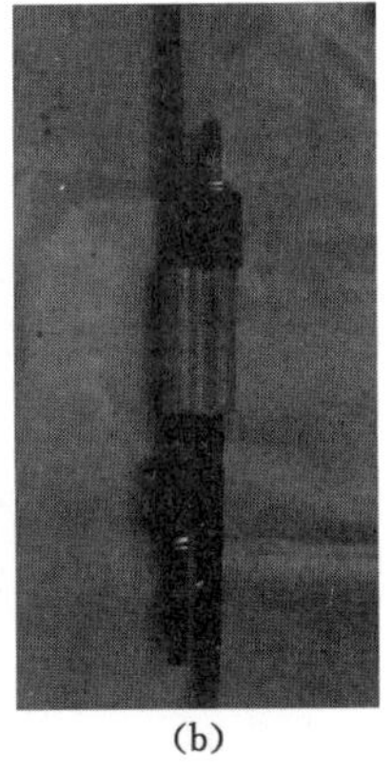

(b)

(a) 帮部桁架应用实照图；(b) 桁架连接器。

图 5-8　帮部桁架应用示例

(3) 高预应力锚索梁

高预应力锚索梁由 2 套或 2 套以上的单体锚索、配套的槽钢、锁具等组成。

在巷道顶板或帮部位置布置的高预应力锚索梁，其基本结构为：一定长度的两根钢绞线相距一定的距离与顶板或帮部岩面垂直安装(外扎角也可达 10°以内)，钢绞线穿过槽钢梁，安装锚索锁具使槽钢梁紧贴岩面，再对两根锚索实施高预紧力；锚索梁的锚固要求和施工工艺均与单体锚索相同，但具有锚固范围大、能充分调动深部围岩承载能力的特点，从而使围岩结构承载性能得以强化，增大了支护系统对围岩的护表面积，对松散破坏易泥化围岩巷道的控制作用明显增强。

5.3.2 U型钢支护技术

U型钢可缩性支架支护是国内外广泛使用的支护技术。U型钢支护虽然具有高阻、可缩和强护表的优点，但其作为一种被动支护并不能够控制和适应复杂应力条件下巷道的变形，不能主动承载且为刚性支护，抗侧帮变形能力弱，架棚易扭曲、折断甚至倒棚，安全事故时有发生。

采用高刚度的钢筋网或限位卡缆，以及锚杆锁腿可以克服U型钢支护的缺点。具体做法为：将每两个限位卡缆在架棚中间位置进行搭接并采用锚杆固定，沿走向连续施工，形成巷帮连续约束，从而起到类似架间拉杆的作用；将支架沿走向连接起来，增强支架的整体性和走向稳定性；将棚腿固定到较稳定围岩内，使其生根牢固，增加其抗侧压的能力，有效抑制巷帮内移。巷帮连续约束装置实照如图5-9所示。

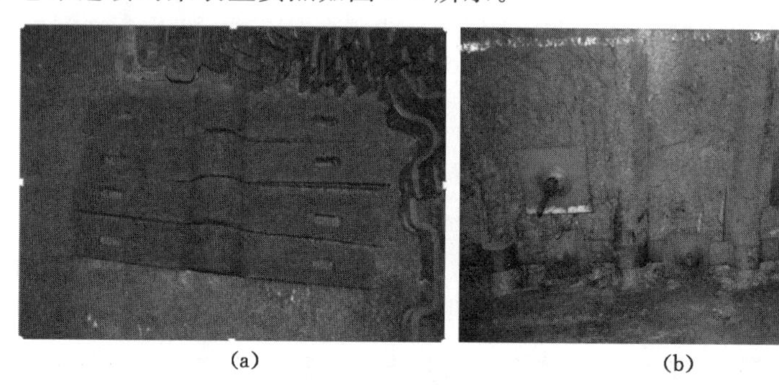

(a) (b)

(a) 搭接式卡缆；(b) 效果图。

图5-9 巷帮连续约束装置

U型钢可缩性支架与巷道围岩之间不可避免地存在空隙和空穴，支架易承受集中载荷和偏心载荷作用，其实际承载性能低。支设时采用泵送材料壁后整体充填可以改善支护体与围岩的相互作用关系，能减少围岩与支护体间的点、线接触，充分发挥支架和围岩本身的承载能力，显著改善支架的工作特性，大幅度提高支架承载能力和工作阻力，实现巷道的长期维护。壁后充填的主要作用：① 改善支架受力条件；② 提高支护结构强度；③ 充填支护结构以使其及时承载；④ 可缩性充填层可吸收围岩变形能，降低巷道变形剧烈程度；⑤ 封闭围岩。

5.3.3 注浆加固技术

对于强动压巷道，掘巷后围岩会产生明显离层、滑动，原生裂隙张开，并出现新的裂纹，从而导致围岩松散破碎，破坏范围大，变形强烈。单独采用锚杆支护，由于围岩破碎，锚固剂与围岩黏结力小，锚固力低，锚杆力学性能不能充分发挥，很难有效控制围岩变形。将锚杆支护与注浆加固技术有机地结合在一起，是解决破碎围岩巷道支护问题的有效途径。

5.3.3.1 注浆加固机理

围岩注浆加固机理主要有以下四个方面：

(1) 提高松散破碎围岩的强度和刚度。一般情况下，破碎围岩体容易出现离层、滑动和张开，体积增大，引起巷道变形。注浆材料将松散破碎的围岩胶结成整体，使破碎岩体强度和刚度明显提高，从而可提高围岩的自身承载能力，改善围岩稳定性。

(2) 充填压密裂隙。注浆浆液在泵压作用下，不但可以将相互连通的岩体裂隙充满，同时在压力的作用下，还可将充填不到的封闭裂隙和孔隙压缩，从而对岩体整体起压密作用。压密作用的结果是使岩体的弹性模量提高，强度也相应提高。

(3) 转变破坏机制的作用。加固材料对裂隙面起到黏结作用，消除或削弱裂隙尖端的集中应力，从而改变岩体的破坏机制。

(4) 封堵水源、隔绝空气。围岩注浆可有效地封堵流水通道，避免围岩强度因水的影响而大幅度降低，压密裂隙，防止围岩风化。

注浆材料一般采用水泥浆或化学浆；注浆孔间、排距为 1.2～2.2 m，为方便施工和操作，注浆孔间、排距常设计为锚杆排距或棚距的 2～3 倍；注浆压力为 0.5～2 MPa，围岩破碎严重时可选 0.5 MPa，比较破碎时取 0.5～1 MPa，裂隙较小时可采用 1～2 MPa，如果围岩强度低，应控制注浆压力不超过其抗压强度的 1/3；注浆深度一般为 2～3 m，当遇到特殊工程地质条件，围岩大范围松动时，注浆深度甚至可达 8 m，但需要采用高压注浆才能起到良好的注浆效果。

5.3.3.2 关键技术手段

(1) 普通中空注浆锚杆

普通中空注浆锚杆由中空锚杆体、锚头、止浆塞、拱形垫板和螺母组成(图 5-10)，适用于地质条件良好围岩的永久性支护、超前支护、边坡支护、基坑支护等工程。通过中空锚杆体的压力注浆，可达到固结破碎岩体，改良岩体，进而实现良好支护的目的。

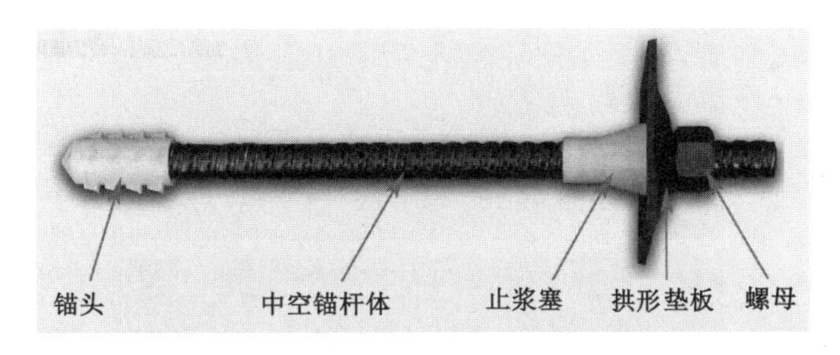

图 5-10 普通中空注浆锚杆

普通中空注浆锚杆采用中空杆体设计，中空杆体作为钻进高压风水通道和注浆通道，与实心杆体相比，中空杆体设计可获得更好的刚度和抗剪强度。锚杆体外表面为全长标准大螺距螺纹结构，螺纹结构便于锚杆的切割和接长，与光滑杆体相比增加了锚杆体与注浆材料的黏结面积，从而可提高锚固力；与其他螺纹类型相比，该螺纹结构不会产生应力集中而损失杆体抗拉强度，左旋螺纹结构便于排除钻屑。

(2) 自钻式中空注浆锚杆

自钻式中空注浆锚杆由中空锚杆体、合金钻头、连接套、止浆塞、垫板、螺母组成(图 5-11)。与普通中空注浆锚杆主要不同之处在于其具有合金钻头与锚杆连接套。锚杆钻头为一次性合金钻头，钻头在安装后不回收。锚杆钻头的结构形式，根据不同的地质情况和使用要求(如锚杆抗拉强度、防腐保护及凿岩效率等要求)有与之相适应的形式。锚杆钻头

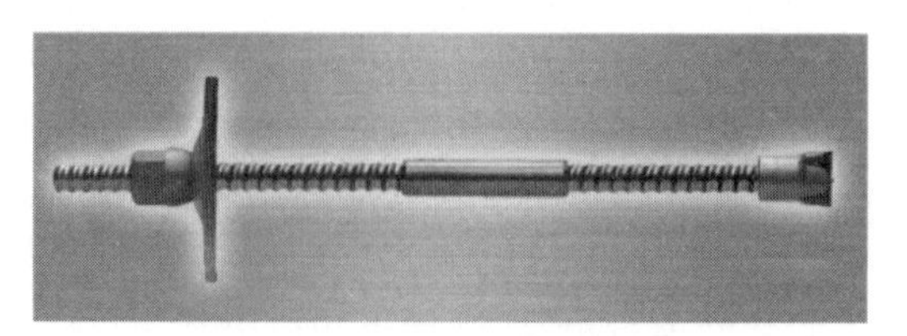

图 5-11　自钻式中空注浆锚杆

可起到锚头和对中支架的作用；锚杆连接套便于接长锚杆，采用高传能结构，在连接套内部，使锚杆体两端直接连接，便于减少凿岩机能量传递损失。

自钻式中空注浆锚杆是一种将锚杆钻进、安装、注浆、锚固合而为一的锚杆，具有可靠、高效、施工方便的特点，与柔性支护系统配合能更好地提高围岩自身承载能力，抑制围岩变形，优化围岩的微观应力场，适合于破碎岩层、松散土层、风化岩层、泥沙夹石层等难以成孔的复杂地层。它在隧道超前支护、径向支护以及各类边坡处理工程中能很好地支护改良围岩，可以达到理想的支护效果，加之容易与其他支护系统相兼容，现已成为在复杂地质条件和施工条件下进行岩土锚固施工的一种常用方法。

(3) 中空注浆锚索

煤矿巷道普遍存在松软破裂围岩、断层破碎带、高应力大变形等复杂地质条件，这给巷道控制带来了极大的困难，而用普通锚索进行支护的效果比较差。中空注浆锚索支护技术利用水泥浆液把围岩和各种弱面充实，并把弱面和四周岩体重新胶结起来，实现锚索全长锚固，将注浆及锚固功能一体化，从而大大提高破碎围岩强度和锚索锚固效果，促进高强承载体系的形成。中空注浆锚索示意如图 5-12 所示。

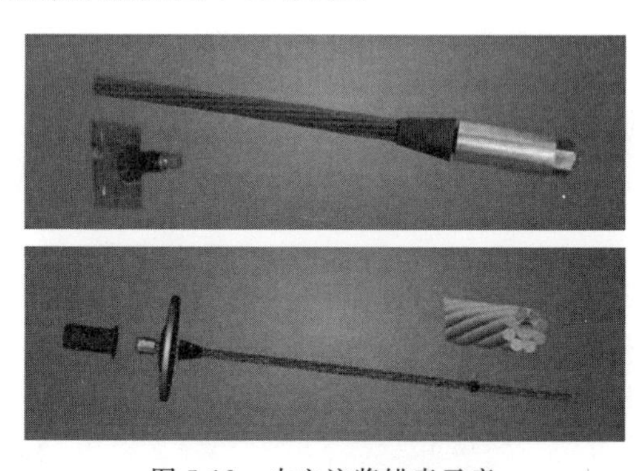

图 5-12　中空注浆锚索示意

中空注浆锚索性能满足行业标准《矿用锚索》(MT/T 942—2005)的要求，并具有以下特点：

① 锚索索体为新型中空结构，自带注浆芯管，采用反向注浆方式，消除了产生空洞的可能，可保证锚固浆液充满钻孔，省去了排气管和注浆管专用接头，无须在现场绑扎注浆管、排气管以及封堵注浆孔，从而使施工工艺大为简化。

② 索体上部为搅拌树脂药卷端锚，下端用于施加预应力，锚索安装后能够与锚杆同步承载，从而形成整体支护，对保证支护效果非常有利。

③ 在迎头后方一定距离处注浆可将一定范围内的锚索一次注完。

④ 在保证注浆通径的前提下，索体直径达到最小化，实现了小孔径、大吨位目标。索体结构本身满足高压注浆的要求，可以实现锚注结合。

⑤ 外露端与普通锚索一样，不影响巷道有效高度。

5.3.4　底板钻锚注一体化支护技术

在巷道围岩治理实践中，对顶板和帮部的加固比较容易，可采取的措施非常多，如长锚杆、长锚索、注浆等。受施工机具、掘进工艺、巷道正常使用等限制，无法实现先钻孔、后安装锚杆(锚索)的施工工序，这使底板加固施工变得极其困难。实践中常规的底板注浆加固手段不能有效控制采动巷道变形。合理的底板加固范围要考虑底板低效加固区，使加固范围进入围岩支护协调的承载环，因此加固深度需要 4.0～6.0 m。只有进一步创新底板加固手段、装备和工艺，才能满足这一技术要求。

底板锚杆钻机是底板钻锚注一体化支护的关键。MQJ-120/S 型架柱式气动底板锚杆钻机可以满足动压巷道底板施工及加固深度要求，该型钻机(钻孔深度≤6 m)主要技术参数见表 5-2，其专用配套部件参数见表 5-3。

表 5-2　MQJ-120/S 型架柱式气动底板锚杆钻机主要技术参数

基本性能参数	单位	取值
工作压力	MPa	0.5
额定转矩	N·m	120
额定转速	r/min	240
最大输出功率	kW	2.8
空载转速	r/min	700
架柱支撑力	kN	≥6.0
钻进推进力	kN	≥4.2
推进行程	mm	1 200
回拔力	kN	≥2.1
空载推进速度	mm/min	800
噪声	dB(A)	≤95
伸展高度	mm	2 850
顶柱高度	mm	300、700、1 500
整机最小高度	mm	2 100
冲洗水压力	MPa	0.6～1.2
钻尾尺寸	mm	快装式双头螺旋钻杆 ϕ32，ϕ35
钻孔直径	mm	≤42
整机质量	kg	135
水平定位高度	mm	
钻进角度	(°)	

表 5-3　MQJ-120/S 型架柱式气动底板锚杆钻机专用配套部件主要参数

产品名称	规格型号	产品单位	备　　注
双头螺旋钻杆	ϕ32，ϕ35	根	定尺：1.3 m，2.1 m
组合式螺旋钻杆	ϕ32，ϕ35	根	定尺：1.0 m，1.1 m
锚杆钻头	ϕ28，ϕ30，ϕ32，ϕ36，ϕ38	个	
锚索钻头	ϕ28，ϕ30，ϕ32	个	
锚索安装器	ϕ15.24，ϕ17.8	个	快装式
锚杆安装器	ϕ30，ϕ32，ϕ36	个	快装式

主要采用普通中空注浆锚杆、自钻式中空注浆锚杆以及中空注浆锚索，配合MQJ-120/S 型架柱式气动底板锚杆钻机使钻机一次定位即可完成锚杆钻孔、搅拌树脂、拧紧螺母等工作，彻底解决底板加固施工难题，这从真正意义上实现了底板锚注一体化，同时可以增大底板加固范围，满足强动压巷道和高应力巷道底板的加固要求。底板注浆工艺与效果如图 5-13所示。

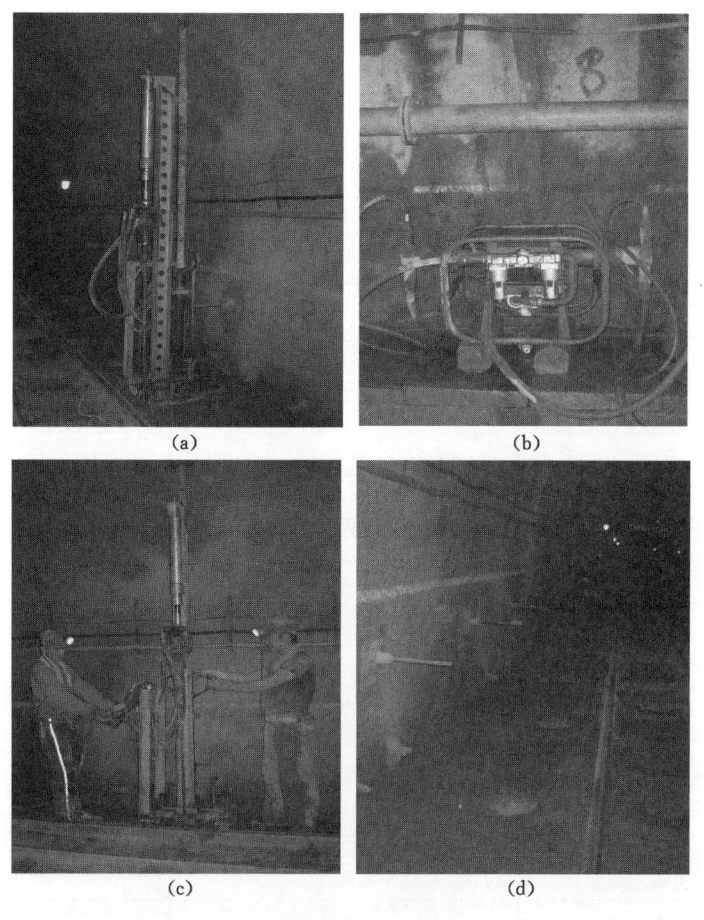

(a) 底板锚杆钻机；(b) 注浆泵；(c) 底板钻眼施工；(d) 底板注浆锚杆。

图 5-13　底板注浆工艺与效果

主要施工流程:① 开挖反底拱或者卧底,施工地坪。② 锚注改造底板浅部岩体,固结浅部破碎岩体,以形成可承载及施加主动支护的平台。③ 深孔锚杆索加固并预紧,可调动深部稳定围岩,限制围岩变形。④ 深孔注浆,加固底板深部岩层。

具体施工需要分层次,并且是一个渐进和不断主动强化的过程。由加固底板浅部岩层逐渐深入到加固深部岩层,最终使底板深部岩层承载与帮顶支护形成深部围岩承载结构。

6 工业性试验

本章选取淮南矿业集团有限责任公司顾桥煤矿(以下简称“顾桥煤矿”)煤层群上行开采顶板巷道即1115(3)工作面回采巷道开展工程实践研究,采用了有针对性的新型“三高”锚杆强化支护控制技术,试验取得了成功。

6.1 工程概况

6.1.1 工程地质条件

顾桥煤矿为年产 1 100 万 t 的特大型矿井。井田面积为 106.7 km^2,地质储量为18.7 亿 t,可采储量为 9.68 亿 t。第一开采水平标高为-780 m,主采煤层为 13-1 煤层和11-2煤层,均为近水平煤层。11-2 煤层瓦斯含量低,无突出危险;13-1 煤层瓦斯含量高且煤层透气性差,有煤与瓦斯突出危险。因此,顾桥煤矿采用上行开采的方式,先开采 11-2 煤层的 1115(1)工作面,后采被卸压的 13-1 煤层的 1115(3)工作面,以此来解决 13-1 煤层开采带来的瓦斯突出难题。

1115(3)工作面位于-780 m 水平、北一采区中部,北为 F_{87} 边界断层,南到 13-1 煤层工业广场保护煤柱线,东西分别到设计运输巷和回风巷,周围煤层均未开采。下方 1115(1)工作面回采已结束,但其上覆岩层仍在活动。1115(3)工作面标高为-552~-692 m,走向长度约 2 900 m,倾斜长度 220 m。工作面煤层赋存稳定,钻孔揭露煤层厚度 2.95~4.07 m,平均厚度 3.56 m。煤层结构复杂,一般含 2~3 层碳质泥岩。受断层和层滑构造的影响,煤层厚度变化较大。煤层倾角为 3°~10°,平均 5°。1115(3)工作面煤岩层综合柱状如图 6-1所示。

工作面水文地质条件相对简单,顶板岩层富水性较差,以静储量为主,在构造发育处顶板会有淋水现象,初期较大,随着时间推移逐渐变小直至消失。最大涌水量 15 m^3/h,正常涌水量 3~5 m^3/h。煤尘具有爆炸危险性,煤层易自燃,自然发火期 3~6 个月,具有自燃倾向性。原始岩温 38~40 ℃,地压较大。

工作面属总体倾向 SE—E,中南部缓,北部较陡的单斜构造。根据钻探、三维地震勘探以及 1115(1)工作面实际揭露资料分析,工作面内共有 FS_{33}、FS_{22}、FS_{21} 三条断层,D_7 为三维地震勘探的断点,受构造影响,岩层产状变化较大,走向为 10°~70°,倾角为 3°~10°,对掘进造成一定影响,主要构造特征描述见表 6-1。

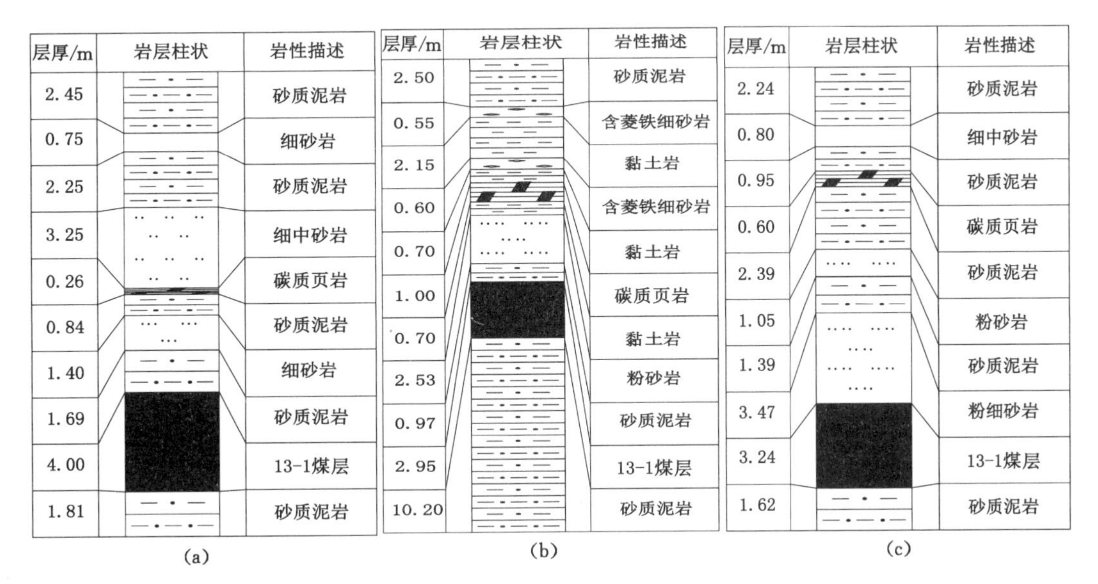

(a) 八 6 钻孔;(b) 七 15 钻孔;(c) 六 15 钻孔。

图 6-1 1115(3)工作面煤岩层综合柱状

表 6-1 主要构造特征描述

构造名称	走向 /(°)	倾向 /(°)	倾角 /(°)	性质	落差 /m	对掘进的影响程度
FS_{33}断层	104	194	70	正断层	0～4	无影响
FS_{21}断层	60	150	40～45	正断层	0～6	有较大影响
FS_{22}断层	100～132	10～42	60～65	正断层	0～7	影响较大
D_7断点					<3	影响较小

6.1.2 巷道维护特点

(1) 巷道埋深大(800 m),属深部软岩巷道。巷道处“三高一扰动”的特殊环境,决定了巷道围岩变形表现出脆-塑性转化、流变及扩容的明显特性。

(2) 1115(3)工作面位于1115(1)工作面正上方,受动压影响,1115(1)工作面已回采完毕,但是由于采后时间较短(约 150 d),其上覆岩体受采动影响还未完全稳定。根据淮南矿区 11-2 和 13-1 煤层开采经验,11-2 煤层开采后其上覆岩层移动角一般为 69°,1115(1)工作面回采对 13-1 煤层岩层移动影响预测范围为 28 m(距采空区边界),围岩应力变化影响预测范围为 50 m(距采空区边界)。因此,1115(3)工作面回采巷道不仅处在岩层移动影响范围内,还处在 1115(1)工作面回采后所形成的非充分采动岩层移动区域内(图 6-2),巷道围岩稳定性控制难度明显增大。

(3) 13-1 煤层巷道顶板多为厚层复合顶板,由碳质泥岩、泥岩和 13-2 煤层组成,顶板松软岩层较厚,锚杆锚固基础不可靠,顶板支护难度较大。

(4) 煤层结构复杂,一般含 2～3 层碳质泥岩、泥岩夹矸,在下伏 1115(1)工作面采动影响下，巷道在掘进时很容易出现大面积的片帮，对支护极为不利。

(5) 巷道走向距离长(2 900 m)，要求维护时间较长，对支护强度及维护的长时稳定性有较高的要求。

(6) 底鼓的控制难度大。巷道处于剪切应力集中区，岩层剪切错动严重，松软的底煤和复合底板将发生明显的底鼓破坏。

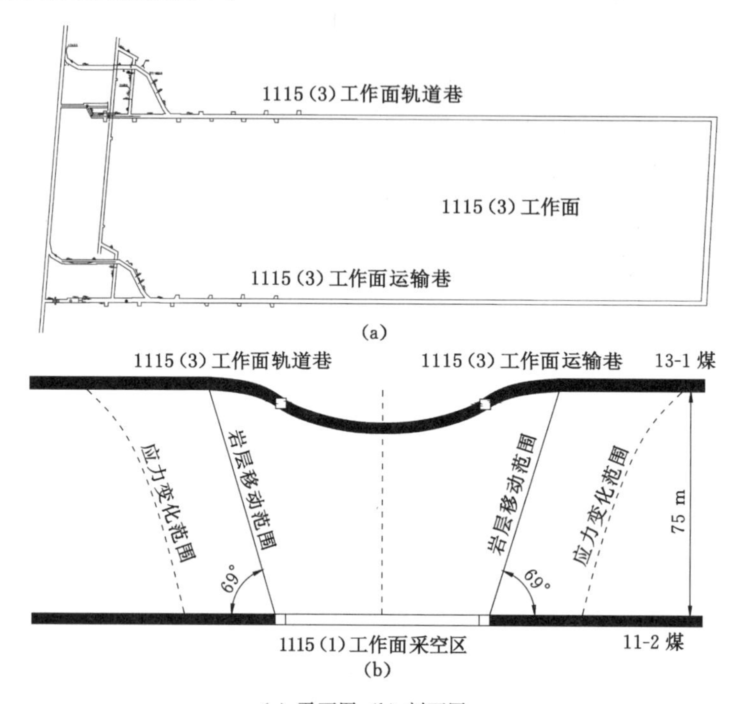

(a) 平面图；(b) 剖面图。

图 6-2　1115(3)工作面平面布置图和剖面图

综上所述，该巷道支护属上行开采上覆被卸压煤层回采巷道控制，受下伏煤层采动影响，岩层活动尚未稳定，巷道围岩产生不同程度损伤，厚层复合顶板的安全状况更加恶化，底鼓严重，在现有的回采巷道底鼓控制方法中，绝大部分只围绕底板进行处理，该类条件下的巷道控制十分困难。

6.2　巷道控制技术思路及支护设计

6.2.1　巷道控制技术思路

顾桥煤矿产量大导致采掘接续紧张，不得不在下伏 1115(1)工作面还未稳定的上覆岩层中掘进 1115(3)工作面回采巷道。1115(3)工作面位于 1115(1)工作面回采形成的弯曲下沉带内，上覆岩层活动处于缓和期，因此在下伏 1115(1)工作面停采后约 150 d 可以掘进 1115(3)工作面回采巷道。

拱形断面虽然能改善巷道应力，有利于巷道支护，但是施工复杂，成巷速度低，有时还破坏顶板；工作面回采时，拱形巷道给工作面端头支护造成很大困难，阻碍工作面的正常推进。

而矩形巷道，除巷道受力状况差外，基本可克服拱形巷道的缺陷，非常有利于工作面的快速推进。此外，由于煤层倾角的变化范围大，拱形巷道不仅会加剧巷道顶板的破碎程度，还会使巷道帮部出现煤层和其他岩层的滑移弱面，这不利于巷道的稳定。为了便于采煤，最终确定1115(3)工作面回采巷道断面形状为矩形。

根据巷道维护的特点，巷道采用新型"三高"锚杆强化支护控制技术，以超高强锚杆为基础支护，高预应力横向锚索梁和走向锚索梁为加强支护。通过强化巷道顶帮支护，有利于顶帮快速稳定，同时结合底角锚杆施工，可以从一定程度上控制巷道底鼓，从而有效提高巷道围岩整体稳定性。

巷道支护材料选择超强杆体、高刚度护网、超大托盘、超强扭矩阻尼螺母，实施锚杆（锚索）高预应力，维持锚杆（锚索）的载荷，提升主动承载能力，在围岩中产生应力场同时向周边围岩扩散，促进围岩承载结构的形成，从而使更多的围岩成为承载结构的组成部分，形成超高强及增阻稳定的锚杆支护围岩承载结构。

6.2.2 巷道锚杆强化支护设计

6.2.2.1 支护方案

含煤地层的赋存条件在不同的地段是不一样的，一种支护参数就能满足整条巷道的支护要求是不科学的，在巷道顶板条件发生变化时必须针对性进行支护参数的调整。根据1115(3)工作面顶板 8 m 范围内复合顶板厚度和砂岩厚度，同时结合锚索锚固段的岩性，将巷道分为三种不同地段。

(1) 厚层复合顶板巷段：锚杆锚固到基本顶砂岩里的长度小于 1 m 的巷段，锚索锚固在较厚的软弱岩层中（主要由黏土岩、碳质页岩、煤线组成）。

(2) 薄层复合顶板巷段：锚杆可以锚固到基本顶砂岩里，且锚固在砂岩里的长度不小于 1 m的巷段；锚索可以锚固在稳定的厚层砂质泥岩或砂岩中。

(3) 砂岩直覆顶板巷段：直接顶为砂岩，且砂岩厚度超过 3 m 的巷段；锚索可以锚固在砂岩中。

对三种地段支护方案的进一步说明：

(1) 顶板平整度较好时可选用 T 型钢带，以增加顶板的刚度，控制复合顶板离层。

(2) 当帮部煤层松散片落频度较大且难以控制时，可选用同规格的全螺纹锚杆，增加调节长度，从而确保帮部锚杆的预紧。

(3) 厚层复合顶板通常是指累厚超过 5.0 m 的顶板，薄层复合顶板通常是指累厚小于 4.0 m的顶板，顶板累厚介于两者之间的条件原则上选用方案一。

6.2.2.2 支护参数

(1) 厚层复合顶板（方案一）

巷道顶板采用 7 根Ⅳ级左旋螺纹钢超高强预紧力锚杆加 4.8 m 长 M5 型钢带、菱形金属网联合支护，锚杆规格为 ϕ22-M24-2 800 mm，采用 2 节 Z2380 型中速树脂药卷锚固。

帮部采用 5 根锚杆加 3.2 m 长 M5 型钢带、菱形金属网联合支护，锚杆规格为 ϕ20-M22-2 500 mm，采用 1 节 Z2380 型中速树脂药卷锚固。锚杆预紧力矩不小于 200 N·m，锚固力不低于 100 kN。

顶板两排锚杆中间布置一套高预应力锚索梁，钢绞线规格为 ϕ21.8×7 700 mm，钢绞线配合 2.6 m 长的 14# 槽钢(开三眼孔,间距 1.1 m)安装,排距 800 mm。同时,沿巷道走向布置两排走向锚索梁,钢绞线配合 2.2 m 长的 14# 槽钢(开两眼孔,间距 1.8 m)安装。为防止锚索穿孔,锚索和槽钢之间均增加规格为 100 mm×200 mm 的平托盘。锚索孔深为 7.5 m,为达到锚固力不低于 200 kN 的锚固效果,每根锚索采用 3 节 Z2380 中速树脂药卷锚固;锚索预紧力为 80～100 kN。其他具体参数如图 6-3 所示。

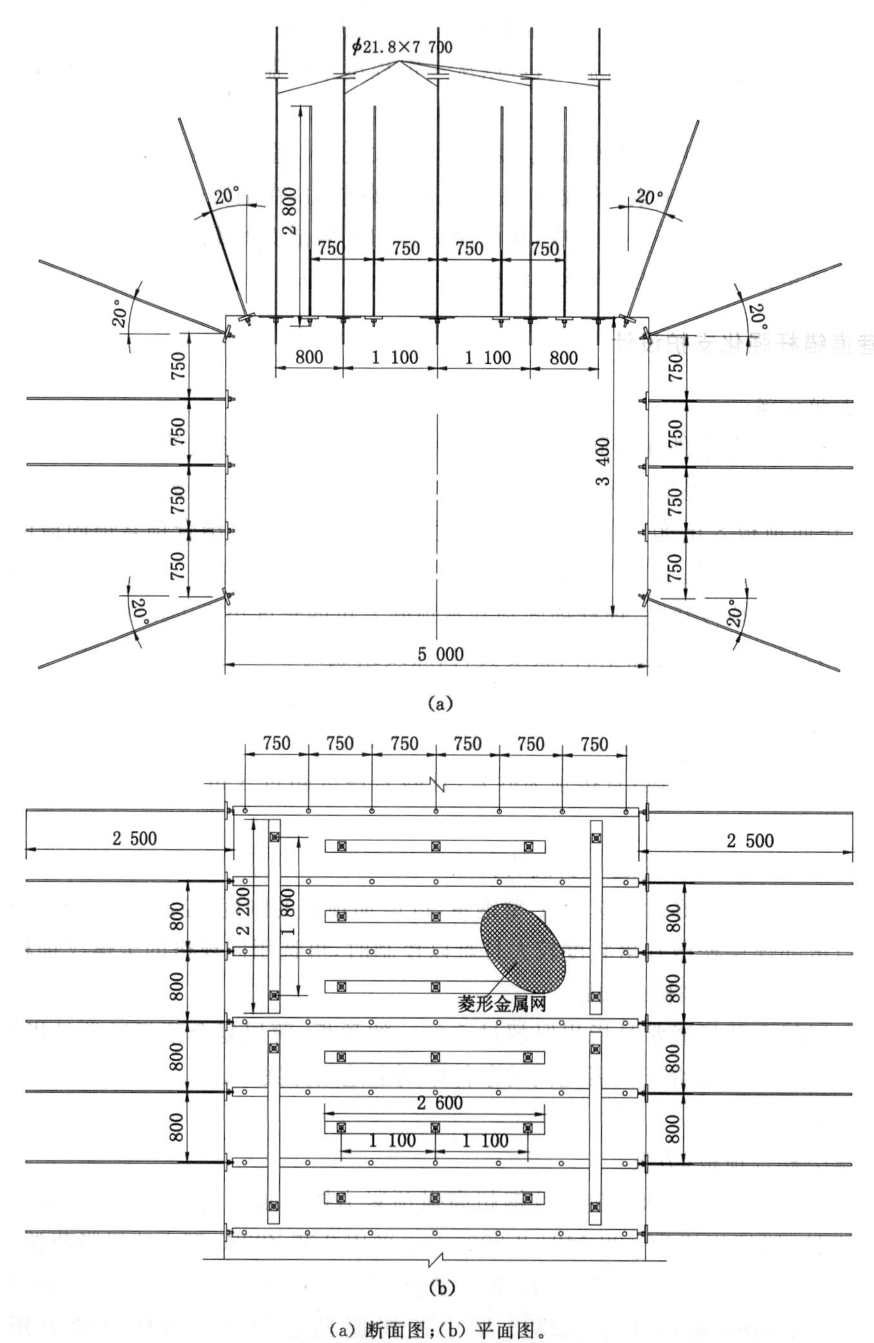

(a) 断面图;(b) 平面图。

图 6-3 1115(3)工作面回采巷道锚带网索支护参数

(2) 薄层复合顶板(方案二)

取消巷道走向锚索梁,同时锚索长度调整为 6.2 m,对应锚索孔深度调整为 6.0 m。其他参数同方案一。

(3) 砂岩直覆顶板(方案三)

由于巷道直接顶为厚层砂岩,顶板的完整性及强度都较好,锚索可以锚固在强度较高的稳定岩层中,锚索调整为“2-2-2”布置方式,配合 2.2 m 长的 14# 槽钢(开两眼孔,间距1.8 m)安装。其他参数同方案二。

(4) 顶板破碎段和断层破碎带加固方案

顶帮破碎处,施工单体锚杆配合大托盘加强支护,采用加长锚固方式,每根锚杆采用两节 Z2380 型中速树脂药卷锚固。顶板不平整时锚索梁改为单体锚索,并配合规格为 400 mm×400 mm 的大托盘安装,锚索仍按原来位置布置,锚索锚固要求及其他参数不变。

在遇到顶板构造异常带、断层带、淋水突然变大带、直接顶厚度变化异常带以及出现卡钻吸钻等冲击倾向性特殊地段时,要及时缩小排距,增加锚杆索的密度,及时施工锚杆(锚索)。根据现场矿压观测结果,如果锚杆索联合支护仍然不能对巷道围岩进行有效控制,那么要根据实际情况对巷道顶板、两帮或底板采用注化学浆液的方式进行加固。

6.3 支护效果分析

巷道掘进期间开展了巷道表面收敛、顶板离层、锚杆和锚索受力监测以及钻孔窥视等工作,来定量分析巷道的支护效果。

6.3.1 巷道表面收敛

1115(3)工作面回采巷道围岩变形曲线如图 6-4 所示。

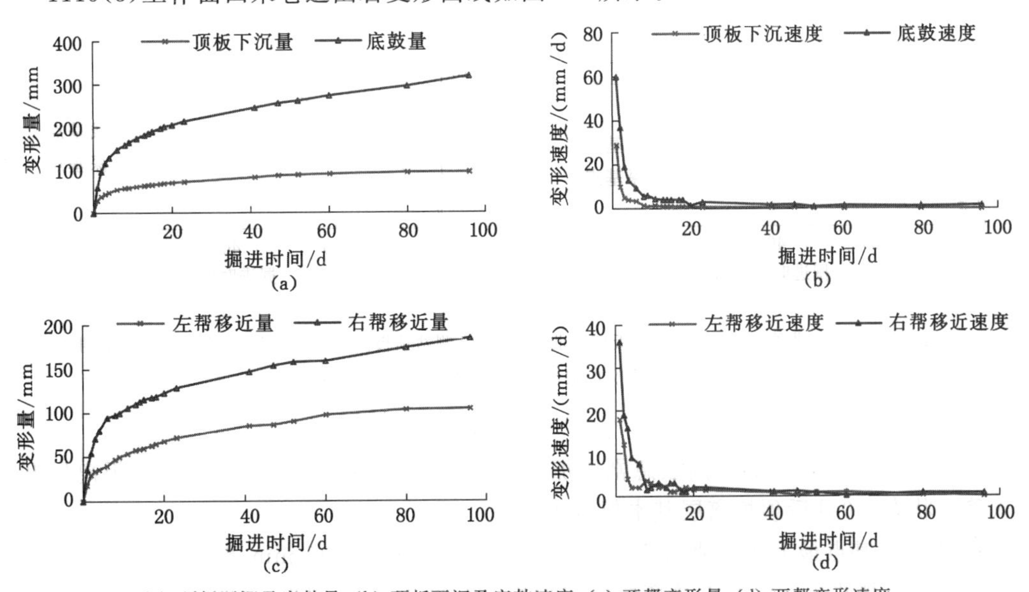

(a) 顶板下沉及底鼓量;(b) 顶板下沉及底鼓速度;(c) 两帮变形量;(d) 两帮变形速度。

图 6-4 1115(3)工作面回采巷道围岩变形曲线

分析图 6-4 可得：

(1) 巷道掘进 41 d 后围岩变形整体趋于稳定，此时左帮移近速度、右帮移近速度、顶板下沉速度、底鼓速度分别为 0.78 mm/d、1.0 mm/d、0.56 mm/d、1.72 mm/d；96 d 后巷道左帮移近速度、右帮移近速度、顶板下沉速度、底鼓速度分别为 0.06 mm/d、0.69 mm/d、0.06 mm/d、1.44 mm/d，左帮移近量、右帮移近量、顶板下沉量、底鼓量分别为 105 mm、185 mm、95 mm、318 mm，围岩总体变形较小，在"三高"锚杆可控范围内。

(2) 受下伏煤层采动影响，上覆岩层不均匀下沉，围岩变形表现出不对称性。巷道围岩变形以底鼓和右帮（采空侧）变形为主，底鼓量占顶底板移近量的 81%；巷道右帮（采空侧）变形量大于左帮，占两帮移近量的 64%。

(3) 围岩初期来压速度快，且各阶段的来压速度表现出明显的差异性。四周围岩变形速度均在第 1 d 达到最大，然后迅速降低；两排走向锚索梁与横向锚索梁形成空间立体式支护结构，使锚固区处于较大程度的三向受压状态；顶板围岩更快地趋于稳定，其次为左帮、右帮（采空侧）和底板。

6.3.2 顶板离层

巷道顶板离层变化情况如图 6-5 所示。

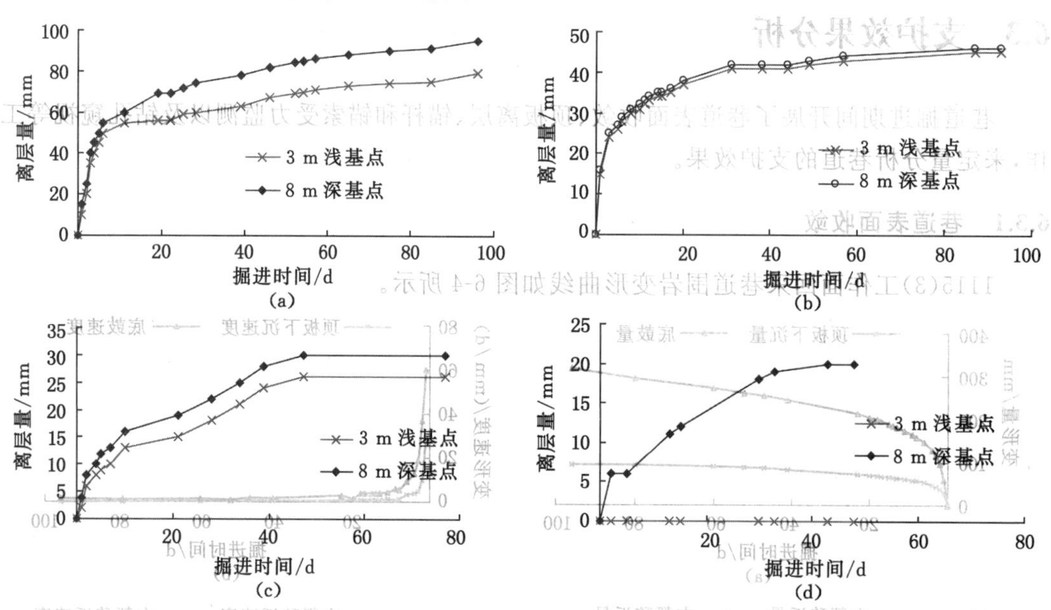

(a) 1# 测站顶板离层曲线；(b) 2# 测站顶板离层曲线；(c) 3# 测站顶板离层曲线；(d) 4# 测站顶板离层曲线。

图 6-5 1115(3)工作面回采巷道顶板离层变化曲线

巷道掘进后前 10 d 顶板离层急剧增加，随着围岩应力重新分布，20 d 后顶板离层开始进入稳定状态，40 d 后顶板离层基本保持不变。

1# 测站浅基点最大离层值为 79 mm，深基点总离层值为 95 mm，锚杆锚固区外离层值为 16 mm，1# 测站 8 m 深基点总离层值与顶板下沉量 95 mm 相当，说明距顶板 8 m 以远处围岩基本未发生离层，支护方案有效控制了顶板深部围岩的变形。

2[#] 测站浅基点最大离层值为 44 mm，深基点总离层值为 45 mm，锚杆锚固区外离层值为 1 mm，锚杆锚固区外离层量较小。

3[#] 测站浅基点最大离层值为 26 mm，深基点总离层值为 30 mm，锚杆锚固区外离层值为 4 mm。

4[#] 测站浅基点最大离层值为零，深基点总离层值为 20 mm。

巷道顶板离层量相对较小，其原因主要为：巷道变形以两帮移近和底鼓为主，顶板下沉较小。这说明以超高强锚杆支护为基础的高预应力横向锚索梁和走向锚索梁加固有效控制了顶板下沉，特别在处于锚固区外软弱煤层的破坏，以及煤岩交界面的离层控制等方面发挥了重要的作用，从而保证了顶板的安全稳定。

6.3.3 锚杆和锚索受力

锚杆、锚索载荷变化曲线分别如图 6-6 和图 6-7 所示。

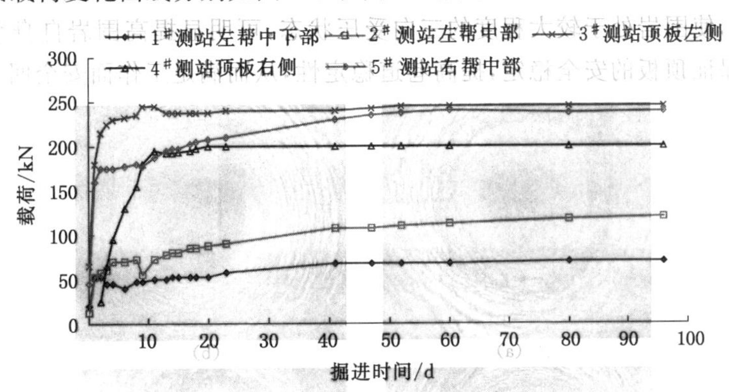

图 6-6 1115(3)工作面回采巷道锚杆受力变化曲线

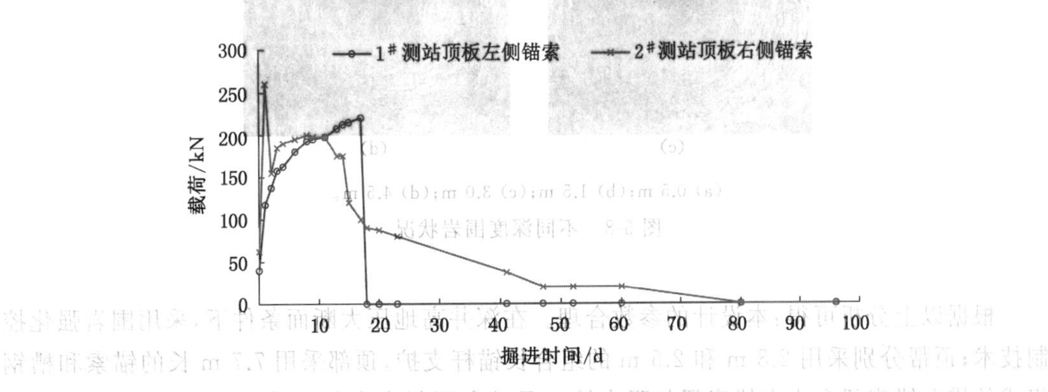

图 6-7 1115(3)工作面回采巷道锚索受力变化曲线

分析图 6-6 和图 6-7 可知：

(1) 巷道顶板锚杆最大载荷一般为 190～240 kN，平均 215 kN，顶板锚杆承载比较均匀；巷帮锚杆最大载荷一般为 70～240 kN，平均 143 kN，巷帮锚杆承载不均匀。锚索在安装后前 10 d 载荷增加较快，最大载荷可达 260 kN。大部分锚杆锚索承载特性属于“急增-恒阻型”，一般在安装 10～20 d 后，其载荷基本稳定，与围岩的位移规律相吻合。

(2) 现场观测发现部分顶板锚杆、巷帮锚杆、顶板锚索均发生卸载或载荷陡然降低现象，这表明锚杆有内锚强度不足或内锚松动、移动的可能。

(3) 锚杆卸载可能的原因有：预紧力不足、锚杆与锚固剂黏结失效、锚固剂与钻孔围岩黏结失效、钻孔围岩破裂等。若锚索的预紧力不足，就会降低锚索对岩体的加固作用，降低围岩的自承能力，随着岩体有害变形的发展甚至会使锚索只起到长锚杆的悬吊作用；同时，由于 1115(3)工作面轨道巷顶板为厚层复合顶板，锚杆（锚索）常常锚固在泥岩和煤线中，因此预紧力不足、钻孔围岩破裂可能是锚杆锚索卸载的主要原因，但围岩稳定后，锚杆（锚索）局部卸载对围岩整体的稳定性影响较小。

6.3.4 钻孔窥视状况

为了进一步检测巷道支护效果，采用钻孔窥视仪探测不同深度围岩状况（图 6-8）。巷道围岩整体完整，无明显的顶板离层现象发生。采用“三高”锚杆和立体式锚索梁承载结构组合支护技术，使围岩处于较大程度的三向受压状态，可明显提高围岩自身承载能力，减少围岩的变形，保证顶板的安全稳定，提高巷道稳定性，从而满足工作面安全回采要求。

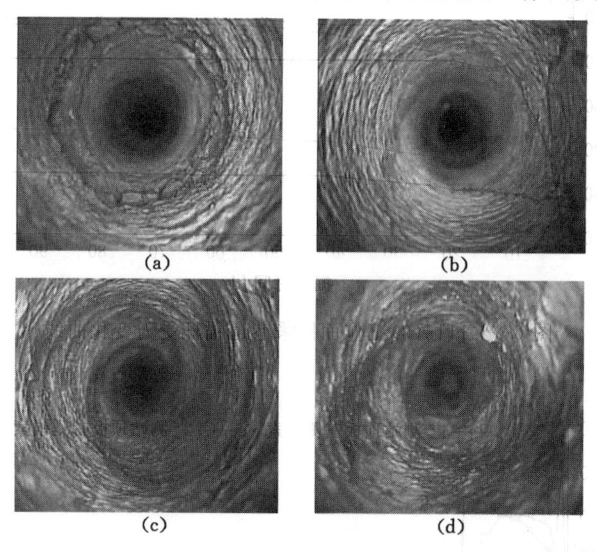

(a) 0.5 m；(b) 1.5 m；(c) 3.0 m；(d) 4.5 m。

图 6-8 不同深度围岩状况

根据以上分析可得：本设计的参数合理。在深井高地压大断面条件下，采用围岩强化控制技术；顶帮分别采用 2.8 m 和 2.5 m 的组合长锚杆支护，顶部采用 7.7 m 长的锚索和槽钢组成的横向锚索梁和走向锚索梁加强支护。通过高预紧力充分调动围岩的自稳能力，在顶板形成稳定的承载梁结构，从而有效抑制顶板离层，对巷道掘进后的围岩变形能起到很好的控制作用。在掘进期间，巷道的围岩变形、顶板离层均控制在合理的范围之内。锚杆（锚索）受力状况良好，载荷增长迅速、能及时承载。支护方案达到了预期的目标，变形控制效果较好，巷道经受了煤岩蠕变、煤体风化的考验，试验取得了成功，从而达到了预期的支护效果，为 1115(3)工作面回采打下了良好的基础。

6.4　技术经济效果分析

自 2009 年 3 月 26 日在顾桥煤矿 1115(3)工作面回采巷道开展煤巷锚杆支护技术工业性试验以来，由于采用新型“三高”锚杆强化支护技术，巷道未发生过垮顶事故，经受了煤岩蠕变、煤体风化的考验，于 2010 年 3 月 9 日顺利完成了 5 331 m 锚网段的施工，锚梁网支护占 88.7%。锚梁网支护在技术上可行、安全上可靠，不仅提高了煤巷的掘进速度，而且降低了巷道支护成本，共计节约直接成本 702 万元。

与传统的架棚支护相比，新型“三高”锚杆强化支护技术使巷道围岩形成一个连续的承载结构，具有连续传递应力的效应，从而达到利用围岩自稳能力控制围岩稳定的目的；顶部的高强预应力锚索使垂直应力集中程度减缓、两帮煤体破坏程度减弱，可消除或减缓顶板离层，从而达到最佳支护效果；新型超高强锚杆支护系统刚柔相济、内外并举、标本兼治，既控制深井动压巷道的变形，又保证了安全施工，从而达到了良好的安全经济效果，该技术使巷道翻修量明显减少，巷道顶底板及两帮相对位移明显减小。与架棚支护相比，锚杆支护大大减轻了工人的劳动强度，减少了支护材料的运输，大幅度简化了综采工作面回采期间的超前支护，为巷道围岩治理提供了强有力的技术支撑。

该技术在顾桥煤矿 1115(3)工作面回采巷道应用成功后，又分别在顾桥煤矿1117(3)工作面、1122(3)工作面以及新庄孜煤矿 62114 工作面进行了推广，安全推广 15 000 m，均取得了良好的经济效益和社会效益。随着我国矿井进入深部开采，上行开采的应用范围更广，顶板巷道围岩稳定性控制技术具有极大的推广价值。

参考文献

[1] 国家统计局.中华人民共和国2019年国民经济和社会发展统计公报[N].中国信息报,2020-03-02(2).

[2] 张宏.构建煤炭发展新格局与碳减排行动路径[N].中国煤炭报,2021-01-12(3).

[3] 康红普,王国法,姜鹏飞,等.煤矿千米深井围岩控制及智能开采技术构想[J].煤炭学报,2018,43(7):1789-1800.

[4] 徐超,李小芳,王凯,等.高瓦斯煤层群保护层工作面留设煤柱合理宽度[J].中国矿业大学学报,2020,49(3):445-452.

[5] 程远平,俞启香.煤层群煤与瓦斯安全高效共采体系及应用[J].中国矿业大学学报,2003,32(5):471-475.

[6] 彭高友,高明忠,吕有厂,等.深部近距离煤层群采动力学行为探索[J].煤炭学报,2019,44(7):1971-1980.

[7] 袁亮.我国深部煤与瓦斯共采战略思考[J].煤炭学报,2016,41(1):1-6.

[8] 叶建平,史保生,张春才.中国煤储层渗透性及其主要影响因素[J].煤炭学报,1999,24(2):118-122.

[9] 程远平,雷杨.构造煤与煤与瓦斯突出关系的研究[J/OL].煤炭学报,2021:1-20[2021-01-16].https://doi.org/10.13225/j.cnki.jccs.YG20.1539.

[10] 胡殿明,林柏泉.煤层瓦斯赋存规律及防治技术[M].徐州:中国矿业大学出版社,2006.

[11] 中华人民共和国国务院新闻办公室.新时代的中国能源发展[N].人民日报,2020-12-22(10).

[12] 何满潮,谢和平,彭苏萍,等.深部开采岩体力学研究[J].岩石力学与工程学报,2005,24(16):2803-2813.

[13] 黄炳香,张农,靖洪文,等.深井采动巷道围岩流变和结构失稳大变形理论[J].煤炭学报,2020,45(3):911-926.

[14] 谢和平,高峰,鞠杨,等.深部开采的定量界定与分析[J].煤炭学报,2015,40(1):1-10.

[15] 齐庆新,潘一山,李海涛,等.煤矿深部开采煤岩动力灾害防控理论基础与关键技术[J].煤炭学报,2020,45(5):1567-1584.

[16] VOGEL M,RAST H P.AlpTransit:safety in construction as a challenge:health and safety aspects in very deep tunnel construction[J].Tunnelling and underground

space technology,2000,15(4):481-484.

[17] 谭云亮,郭伟耀,赵同彬,等.深部煤巷帮部失稳诱冲机理及"卸-固"协同控制研究[J].煤炭学报,2020,45(1):66-81.

[18] ORTLEPP W.High ground displacement velocities associated with rockburst damage[C]//Rockburst and Seismicity in Mines.Rotterdam:[s.n.],1993:101-106.

[19] 汪理全,李中颃.煤层(群)上行开采技术[M].北京:煤炭工业出版社,1995.

[20] 杜计平,汪理全.煤矿特殊开采方法[M].徐州:中国矿业大学出版社,2003.

[21] 葛尔巴切夫,札柏尔金斯基.库兹巴斯煤层群上行顺序开采法[M].马鸿仁,李诞生,译.北京:煤炭工业出版社,1958.

[22] YUAN L.Technique of coal mining and gas extraction without coal pillar in multi-seam with low permeability[J].Journal of coal science and engineering(China),2009,15(2):120-128.

[23] 崔峰,贾冲,来兴平,等.近距离强冲击倾向性煤层上行开采覆岩结构演化特征及其稳定性研究[J].岩石力学与工程学报,2020,39(3):507-521.

[24] 李杨,雷明星,郑庆学,等.近距离"薄-中-厚"交错分布煤层群上行协调开采定量判别研究[J].煤炭学报,2019,44(增刊2):410-418.

[25] 黄万朋,邢文彬,郑永胜,等.近距离煤层上行开采巷道合理布局研究[J].岩石力学与工程学报,2017,36(12):3028-3039.

[26] 侯朝炯.深部巷道围岩控制的有效途径[J].中国矿业大学学报,2017,46(3):467-473.

[27] 鲍里索夫.矿山压力原理与计算[M].王庆康,译.北京:煤炭工业出版社,1986.

[28] 钱鸣高,刘听成.矿山压力及其控制[M].修订本.北京:煤炭工业出版社,1991.

[29] 李鸿昌.矿山压力的相似模拟试验[M].徐州:中国矿业大学出版社,1988.

[30] 陈炎光,钱鸣高.中国煤矿采场围岩控制[M].徐州:中国矿业大学出版社,1994.

[31] 宋振骐.采场上覆岩层运动的基本规律[J].山东矿业学院学报,1979(1):64-77.

[32] 宋振骐.实用矿山压力控制[M].徐州:中国矿业大学出版社,1988.

[33] 姜福兴,范炜琳.采场上覆岩层运动与支承压力关系的机械模拟研究[J].矿山压力,1988(2):69-71.

[34] 蒋金泉.顶板来压预报的数学模型及效果[J].山东矿业学院学报,1989,8(4):5-12.

[35] 姜福兴.岩层质量指数及其应用[J].岩石力学与工程学报,1994,13(3):270-278.

[36] QIAN M G.A study of the behaviour of overlying strata in longwall mining and its application to strata control[J].Developments in geotechnical engineering,1981,32:13-17.

[37] 钱鸣高,朱德仁,王作棠.老顶岩层断裂型式及对工作面来压的影响[J].中国矿业学院学报,1986(2):9-18.

[38] 朱德仁.长壁工作面老顶的断裂规律及应用[D].徐州:中国矿业大学,1987.

[39] 朱德仁,钱鸣高,徐林生.坚硬顶板来压控制的探讨[J].煤炭学报,1991,16(2):11-20.

[40] 赵国景,钱鸣高.采场上覆坚硬岩层的变形运动与矿山压力[J].煤炭学报,1987,12(3):1-8.

[41] 何富连.综采工作面直接顶稳定性与支架—围岩控制论[D].徐州:中国矿业大

学,1993.

[42] 康立勋.大同综采工作面端面漏冒及其控制[D].徐州:中国矿业大学,1994.

[43] 刘长友.采场直接顶整体力学特性及支架围岩关系的研究[D].徐州:中国矿业大学,1996.

[44] 缪协兴,钱鸣高.采场围岩整体结构与砌体梁力学模型[J].矿山压力与顶板管理,1995:3-12

[45] 钱鸣高,缪协兴,许家林.岩层控制中的关键层理论研究[J].煤炭学报,1996,21(3):225-230.

[46] 许家林.岩层移动控制的关键层理论及其应用[D].徐州:中国矿业大学,1999.

[47] 钱鸣高,石平五.矿山压力与岩层控制[M].徐州:中国矿业大学出版社,2003.

[48] PENG S S.煤矿地层控制[M].高博彦,韩持,译.北京:煤炭工业出版社,1984.

[49] PENG S S.Coal mine ground control[M].Third Edition.New York:[s.n.],1978.

[50] 刘天泉.矿山岩体采动影响与控制工程学及其应用[J].煤炭学报,1995,20(1):1-5.

[51] 靳钟铭,徐林生.煤矿坚硬顶板控制[M].北京:煤炭工业出版社,1994.

[52] 谭云亮,王泳嘉,朱浮声.矿山岩层运动非线性动力学反演预测方法[J].岩土工程学报,1998,20(4):16-19.

[53] ARUTYUNYAN N, METLOV V V. Some problems in the theory of creep in bodies with variable boundaries[J].Mechanics of solids,1982,17(5):92-103.

[54] 徐曾和,徐小荷,唐春安.坚硬顶板下煤柱岩爆的尖点突变理论分析[J].煤炭学报,1995,20(5):485-491.

[55] 于学馥.信息时代岩土力学与采矿计算初步[M].北京:科学出版社,1991.

[56] 许家林,钱鸣高.覆岩采动裂隙分布特征的研究[J].矿山压力与顶板管理,1997(3):210-212.

[57] 许家林,钱鸣高.覆岩注浆减沉钻孔布置的试验研究[J].中国矿业大学学报,1998,27(3):276-279.

[58] 钱鸣高,许家林.覆岩采动裂隙分布的"O"形圈特征研究[J].煤炭学报,1998,23(5):466-469.

[59] 李树刚.综放开采围岩活动及瓦斯运移[M].徐州:中国矿业大学出版社,2000.

[60] 曲华,张殿振.深井难采煤层上行开采的数值模拟[J].矿山压力与顶板管理,2003,20(4):56-58.

[61] 蒋金泉,孙春江,尹增德,等.深井高应力难采煤层上行卸压开采的研究与实践[J].煤炭学报,2004,29(1):1-6.

[62] 许家林,钱鸣高.岩层采动裂隙分布在绿色开采中的应用[J].中国矿业大学学报,2004,33(2):141-145.

[63] 许家林,钱鸣高,金宏伟.基于岩层移动的"煤与煤层气共采"技术研究[J].煤炭学报,2004,29(2):129-132.

[64] 刘泽功.卸压瓦斯储集与采场围岩裂隙演化关系研究[D].合肥:中国科学技术大学,2004.

[65] 石必明,俞启香,周世宁.保护层开采远距离煤岩破裂变形数值模拟[J].中国矿业大

学学报,2004,33(3):259-263.

[66] 涂敏,缪协兴,黄乃斌.远程下保护层开采被保护煤层变形规律研究[J].采矿与安全工程学报,2006,23(3):253-257.

[67] 涂敏,黄乃斌,刘宝安.远距离下保护层开采上覆煤岩体卸压效应研究[J].采矿与安全工程学报,2007,24(4):418-421,426.

[68] 司荣军,王春秋,谭云亮.采场支承压力分布规律的数值模拟研究[J].岩土力学,2007,28(2):351-354.

[69] 薛俊华,余国锋.远距离卸压开采关键层位置效应初探[J].安徽建筑工业学院学报(自然科学版),2008,16(3):29-33.

[70] 马占国,涂敏,马继刚,等.远距离下保护层开采煤岩体变形特征[J].采矿与安全工程学报,2008,25(3):253-257.

[71] 翟成.近距离煤层群采动裂隙场与瓦斯流动场耦合规律及防治技术研究[D].徐州:中国矿业大学,2008.

[72] 袁亮.低透气煤层群首采关键层卸压开采采空侧瓦斯分布特征与抽采技术[J].煤炭学报,2008,33(12):1362-1367.

[73] 袁亮.卸压开采抽采瓦斯理论及煤与瓦斯共采技术体系[J].煤炭学报,2009,34(1):1-8.

[74] LI H C.Correlation between ascending mining and stability of the overlying strata [J].International journal of rock mechanics and mining sciences & geomechanics abstracts,1988,25(3):151.

[75] PALCHIK V.Experimental investigation of apertures of mining-induced horizontal fractures[J].International journal of rock mechanics and mining sciences,2010,47(3):502-508.

[76] THIN I G T,PINE R J,TRUEMAN R.Numerical modelling as an aid to the determination of the stress distribution in the goaf due to longwall coal mining[J].International journal of rock mechanics and mining sciences & geomechanics abstracts,1993,30(7):1403-1409.

[77] WANG L,CHENG Y P,LI F R,et al.Fracture evolution and pressure relief gas drainage from distant protected coal seams under an extremely thick key stratum [J].Journal of China University of Mining and Technology,2008,18(2):182-186.

[78] HANJ Z,SANG S X,CHENG Z Z,et al.Exploitation technology of pressure relief coalbed methane in vertical surface wells in the Huainan coal mining area[J].Mining science and technology(China),2009,19(1):25-30.

[79] LIU H B,CHENG Y P,SONG J C,et al.Pressure relief,gas drainage and deformation effects on an overlying coal seam induced by drilling an extra-thin protective coal seam[J].Mining science and technology(China),2009,19(6):724-729.

[80] LIU L,CHENG Y P,WANG H F,et al.Principle and engineering application of pressure relief gas drainage in low permeability outburst coal seam[J].Mining science and technology(China),2009,19(3):342-345.

[81] 陆士良.无煤柱区段巷道的矿压显现及适用性的研究[J].中国矿业学院学报,1980,9(4):1-22.
[82] 丁焜,童有德.我国无煤柱开采的发展与展望(下)[J].煤炭工程,1984(4):1-6.
[83] 吴健,孙恒虎.巷旁支护载荷和变形设计[J].矿山压力,1986(2):2-11.
[84] 陆士良.无煤柱护巷的矿压显现[M].北京:煤炭工业出版社,1982.
[85] 孙恒虎.沿空留巷顶板活动机理与支护围岩关系新研究[D].徐州:中国矿业大学,1988.
[86] 漆泰岳.沿空留巷支护理论研究及实例分析[D].徐州:中国矿业大学,1996.
[87] 靖洪文,付国彬,冯耀男,等.受采动影响的深井巷道研究与支护实践[J].阜新矿业学院学报(自然科学版),1996,15(1):15-18.
[88] 马文顶,赵海云,韩立军.跨采软岩巷道锚注加固技术的实验研究[J].中国矿业大学学报,2001,30(2):191-194.
[89] 王卫军,冯涛,侯朝炯,等.沿空掘巷实体煤帮应力分布与围岩损伤关系分析[J].岩石力学与工程学报,2002,21(11):1590-1593.
[90] 林登阁,宋克志.跨采软岩巷道锚注支护试验研究[J].岩土力学,2002,23(2):238-241.
[91] 谢文兵,史振凡,殷少举.近距离跨采对巷道围岩稳定性影响分析[J].岩石力学与工程学报,2004,23(12):1986-1991.
[92] 高明中,黄殿武.软岩动压巷道"三锚"支护参数的正交优化设计[J].安徽理工大学学报(自然科学版),2005,25(4):16-21.
[93] 郑百生,谢文兵,窦林名,等.近距离孤岛工作面动压影响巷道围岩控制[J].中国矿业大学学报,2006,35(4):483-487.
[94] 方新秋,郭敏江,吕志强.近距离煤层群回采巷道失稳机制及其防治[J].岩石力学与工程学报,2009,28(10):2059-2067.
[95] 王洛锋,姜福兴,于正兴.深部强冲击厚煤层开采上、下解放层卸压效果相似模拟试验研究[J].岩土工程学报,2009,31(3):442-446.
[96] 刘建军.崔家寨煤矿近距离煤层群开采巷道稳定性分析[J].煤炭科学技术,2009,37(3):13-16.
[97] 吴爱民,左建平.多次动压下近距离煤层群覆岩破坏规律研究[J].湖南科技大学学报(自然科学版),2009,24(4):1-6.
[98] TIAN J S,GAO S.Deformation and failure study of surrounding rocks of dynamic pressure roadways in deep mines[J].Mining science and technology(China),2010,20(6):850-854.
[99] 惠功领,牛双建,靖洪文,等.动压沿空巷道围岩变形演化规律的物理模拟[J].采矿与安全工程学报,2010,27(1):77-81.
[100] 康红普,林健,吴拥政.全断面高预应力强力锚索支护技术及其在动压巷道中的应用[J].煤炭学报,2009,34(9):1153-1159.
[101] 康红普,王金华.煤巷锚杆支护理论与成套技术[M].北京:煤炭工业出版社,2007.
[102] 康红普,林健,张冰川.小孔径预应力锚索加固困难巷道的研究与实践[J].岩石力学

与工程学报,2003,22(3):387-390.
[103] 康红普,王金华,林健.高预应力强力支护系统及其在深部巷道中的应用[J].煤炭学报,2007,32(12):1233-1238.
[104] 张农,王成,高明仕,等.淮南矿区深部煤巷支护难度分级及控制对策[J].岩石力学与工程学报,2009,28(12):2421-2428.
[105] ZHANG N,WANG C,ZHAO Y M.Rapid development of coalmine bolting in China[J].Procedia earth and planetary science,2009,1(1):41-46.
[106] 张农,李学华,高明仕.迎采动工作面沿空掘巷预拉力支护及工程应用[J].岩石力学与工程学报,2004,23(12):2100-2105.
[107] 张农,高明仕.煤巷高强预应力锚杆支护技术与应用[J].中国矿业大学学报,2004,33(5):524-527.
[108] ZHANG N,WANG C,XU X L,et al.Argillisation of surrounding rock due to water seepage and anchorage performance protection[J]. Materials research innovations,2011,15(S1):582-585.
[109] 李桂臣,张农,许兴亮,等.水致动压巷道失稳过程与安全评判方法研究[J].采矿与安全工程学报,2010,27(3):410-415.
[110] 张农.沿空留巷煤与瓦斯共采关键技术与实践[M]//刘长友.煤炭开采新理论与新技术:中国煤炭学会开采专业委员会 2009 年学术年会论文集.徐州:中国矿业大学出版社,2009:131-139.
[111] 张农,袁亮.离层破碎型煤巷顶板的控制原理[J].采矿与安全工程学报,2006,23(1):34-38.
[112] 张农,许兴亮,程真富,等.穿 435 m 落差断层大巷的地质保障及施工控制技术[J].岩石力学与工程学报,2008,27(增 1):3292-3297.
[113] ZHANG N,ZHOU J Y,LI X H.Supporting of gob-side entries driving head-on adjacent advancing coal face with a reserved narrow pillar[C]//Proceedings of the 2004 International Symposium on ISMST,2004:441-444.
[114] 柏建彪,王卫军,侯朝炯,等.综放沿空掘巷围岩控制机理及支护技术研究[J].煤炭学报,2000,25(5):478-481.
[115] 柏建彪,侯朝炯,黄汉富.沿空掘巷窄煤柱稳定性数值模拟研究[J].岩石力学与工程学报,2004,23(20):3475-3479.
[116] 柏建彪.沿空掘巷围岩控制[M].徐州:中国矿业大学出版社,2006.
[117] 侯朝炯,李学华.综放沿空掘巷围岩大、小结构的稳定性原理[J].煤炭学报,2001,26(1):1-7.
[118] 李学华,张农,侯朝炯.综采放顶煤面沿空巷道合理位置确定[J].中国矿业大学学报,2000,29(2):186-189.
[119] 侯朝炯,郭励生,勾攀峰.煤巷锚杆支护[M].徐州:中国矿业大学出版社,1999.
[120] HOU C J.Review of roadway control in soft surrounding rock under dynamic pressure[J].Journal of coal science and engineering(China),2003,9(1):1-7.
[121] 阚甲广.典型顶板条件沿空留巷围岩结构分析及控制技术研究[D].徐州:中国矿业

大学,2009.

[122] GALE W J,BLACKWOOD R L.Stress distributions and rock failure around coal mine roadways[J].International journal of rock mechanics and mining sciences & geomechanics abstracts,1987,24(3):165-173.

[123] UNAL E,OZKAN I,CAKMAKCI G.Modeling the behavior of longwall coal mine gate roadways subjected to dynamic loading[J]. International journal of rock mechanics and mining sciences,2001,38(2):181-197.

[124] TORAÑO J,DÍEZ R R,CID J M R,et al.FEM modeling of roadways driven in a fractured rock mass under a longwall influence[J].Computers and geotechnics,2002,29(6):411-431.

[125] KIDYBIŃSKI A.Design criteria for roadway supports to resist dynamic loads[J].International journal of mining and geological engineering,1986,4(2):91-109.

[126] 张益东,张少华,侯朝炯,等.地应力对锚杆支护的沿空巷道的影响[J].中国矿业大学学报,1999,28(4):371-374.

[127] 方新秋,何杰,何加省.深部高应力软岩动压巷道加固技术研究[J].岩土力学,2009,30(6):1693-1698.

[128] 王连国,缪协兴,董建涛.动压巷道锚注支护数值模拟研究[J].采矿与安全工程学报,2006,23(1):39-42.

[129] 陈炎光,陆士良.中国煤矿巷道围岩控制[M].徐州:中国矿业大学出版社,1994.

[130] 彭苏萍,凌标灿,郑高升,等.采场弯曲下沉带内部巷道变形与岩层移动规律研究[J].煤炭学报,2002,27(1):21-25.

[131] 李学华,杨宏敏,郑西贵,等.下部煤层跨采大巷围岩动态控制技术研究[J].采矿与安全工程学报,2006,23(4):393-397.

[132] 石永奎,莫技.深井近距离煤层上行开采巷道应力数值分析[J].采矿与安全工程学报,2007,24(4):473-476.

[133] 娄金福.顶板瓦斯高抽巷采动变形机理及优化布置研究[D].徐州:中国矿业大学,2008.

[134] 彭永伟,齐庆新,李宏艳,等.高强度地下开采对岩体断裂带高度影响因素的数值模拟分析[J].煤炭学报,2009,34(2):145-149.

[135] 黄志安,童海方,张英华,等.采空区上覆岩层“三带”的界定准则和仿真确定[J].北京科技大学学报,2006,28(7):609-612.

[136] 邹海,桂和荣,王桂梁,等.综放开采导水裂隙带高度预测方法[J].煤田地质与勘探,1998,26(6):43-46.

[137] 涂敏.潘谢矿区采动岩体裂隙发育高度的研究[J].煤炭学报,2004,29(6):641-645.

[138] 林海飞.综放开采覆岩裂隙演化与卸压瓦斯运移规律及工程应用[D].西安:西安科技大学,2009.

[139] 刘长武,郭永峰,姚精明.采矿相似模拟试验技术的发展与问题:论发展三维采矿物理模拟试验的意义[J].中国矿业,2003,12(8):6-8.

[140] 谢文兵,陈晓祥,郑百生.采矿工程问题数值模拟研究与分析[M].徐州:中国矿业大

学出版社,2005.

[141] 顾大钊.相似材料和相似模型[M].徐州:中国矿业大学出版,1995.

[142] 钱鸣高,缪协兴,许家林,等.岩层控制的关键层理论[M].徐州:中国矿业大学出版社,2003.

[143] 屠世浩,马文顶,万志军,等.岩层控制的实验方法与实测技术[M].徐州:中国矿业大学出版社,2010.

[144] 钱鸣高,石平五,许家林.矿山压力与岩层控制[M].2 版.徐州:中国矿业大学出版社,2010.

[145] 谢和平.分形-岩石力学导论[M].北京:科学出版社,1996.

[146] 于广明,谢和平,周宏伟,等.结构化岩体采动裂隙分布规律与分形性实验研究[J].实验力学,1998,13(2):145-154.

[147] MANDELBROT B B.The fractal geometry of nature[M].San Francisco:W H Freeman and Company,1982.

[148] 王志国,周宏伟,谢和平.深部开采上覆岩层采动裂隙网络演化的分形特征研究[J].岩土力学,2009,30(8):2403-2408.

[149] GAO F Q,KANG H P.Effect of pre-tensioned rock bolts on stress redistribution around a roadway:insight from numerical modeling[J].Journal of China University of Mining and Technology,2008,18(4):509-515.

[150] CUNDALL P A.Numerical modelling of jointed and faulted rock[M]//Mechanics of jointed and faulted rock.[S.l.]:CRC Press,2020:11-18.

[151] MARTI J,CUNDALL P.Mixed discretization procedure for accurate modelling of plastic collapse[J].International journal for numerical and analytical methods in geomechanics,1982,6(1):129-139.

[152] HOEK E.Estimating Mohr-Coulomb friction and cohesion values from the Hoek-Brown failure criterion[J].International journal of rock mechanics and mining sciences & geomechanics abstracts,1990,27(3):227-229.

[153] 高富强.断面形状对巷道围岩稳定性影响的数值模拟分析[J].山东科技大学学报(自然科学版),2007,26(2):43-46.

[154] 凌标灿,黄向宏.巷道断面形状力学效应三维数值模拟分析[J].淮南工业学院学报,2002,22(1):6-9.

